Eine Walfangreise auf der WALTER RAU

1938/39

AF547314

WALTER RAU

Silke M. Zacharias (Hrsg.)

Eine Walfangreise auf der WALTER RAU 1938/39

Mit 138 Abbildungen

Edition Falkenberg

Bildnachweis:
Soweit nicht anders am jeweiligen Bild nachgewiesen,
stammen alle Fotos in diesem Buch aus dem Archiv Zacharias.

Abbildung auf dem Umschlag: Archiv Zacharias

1. Auflage 2017
Copyright © Edition Falkenberg
Bgm.-Spitta-Allee 31, 38329 Bremen

produktsicherheit@edition-falkenberg.de

ISBN 978-3-95494-116-2
www.edition-falkenberg.de

Alle Rechte vorbehalten. Kein Teil des Werkes darf in irgendeiner Form (durch Fotografie, Mikrofilm oder irgendein anderes Verfahren) ohne schriftliche Erlaubnis des Verlages reproduziert oder unter Verwendung elektronischer Systeme verarbeitet, vervielfältigt oder verbreitet werden.
Außerdem behält sich der Verlag die Verwertung des urheberrechtlich geschützten Inhalts dieses Werkes für Zwecke des Text- und Data-Minings nach § 44 b UrhG ausdrücklich vor. Jegliche unbefugte Nutzung ist hiermit ausgeschlossen.

Inhalt

Meine Walfangreise

auf

„Walter Rau"

1938/39

Vorwort

Für mich war mein Opa ein Held! Nicht nur, dass er per se in seiner ruhigen plattdeutschen Art ein Bilderbuch-Großvater war – als kleines Kind war ich mächtig beeindruckt, wenn er von »seinem Walfang« erzählte, was nicht häufig vorkam. Ich stellte ihn mir mit zwei weiteren Männern auf einem kleinen Holzboot vor, er vorne an der Harpune, die Begleiter am Ruder. Informationen, dass es sich um ein Fabrikschiff handelte, blendete ich noch lange Zeit aus.

Vor fünfzehn Jahren bekam ich von meinem Vater Heino Wickede das vorliegende Tagebuch mit den dazugehörigen Fotos in die Hand gedrückt und beschloss, dass mehr Menschen Zugang dazu bekommen sollen.

Ich habe den Wunsch, dass die Leser dieses Buches, Opas Tagebuches, sich in die Zeit zurückversetzen, sich gedanklich auf das Schiff begeben und mit den Männern sechs Monate einen Alltag erleben, in dem es in erster Linie um Walfang, aber im Hintergrund auch um Kameradschaft und historische Ereignisse geht.

Mein Großvater (1907–1984) hatte wie die meisten Männer der Besatzung für die Reise von 1938–1939 auf der WALTER RAU angeheuert, um mit dem dort verdienten Geld seine Zukunft ausbauen zu können – er wollte die Hamburger Seefahrtsschule besuchen.

Er schildert ungefiltert und ungeschönt das blutige Handwerk auf einem Walfangschiff, wie es damals gang und gäbe war. Anders als heute machte sich kaum einer zu der Zeit Gedanken über die Folgen dieser massiven Abschlachtungen bis hin zur drohenden Ausrottung kompletter Arten. Es war damals noch gesellschaftlich akzeptiert. Ich hoffe, dass diese Rückschau den Lesern vor Augen führt, welch beeindruckende Tiere die Wale sind, und wie sehr es sich lohnt, für ihren Fortbestand zu kämpfen.

Heinrich Wickede lebte mit seiner Frau Grete, seinem neunjährigen Sohn Henry sowie seinem Sohn Heino, der während dieser Reise geboren wurde, in Hamburg-Finkenwerder. Seine Muttersprache war Plattdeutsch.

Die Tagebuchaufzeichnungen meines Opas sind originalgetreu wiedergegeben und in keinerlei Weise an die heutige Sprache angepasst. Zum besseren Verständnis der geografischen Angaben wurden einige Land- und Seekarten dem Text beigefügt. Die Fotos entstanden direkt auf der Reise.

Silke Maria Zacharias,
geb. Wickede;
Dezember 2016

Vorwort von Heino Wickede

Mein Vater hatte für die Reise von 1938–1939 auf der WALTER RAU angeheuert, um mit dem dort verdienten Geld die Hamburger Seefahrtschule zu besuchen. Durch den Ausbruch des Krieges konnte er sich seinen Wunsch nicht erfüllen. Nach Kriegsende war das Ersparte durch die Währungsreform weitgehend verloren. Seine ganze Kraft benötigte er nun, um seiner Familie über die schweren Zeiten der Not zu helfen.

Heino Wickede
Mai 2003

167 — 21 —

Inhaber ist angemustert als Matrose

auf dem ~~Segel-~~ / Dampf- Schiffe Walter Rau

Heimatshafen / Registerhafen

geführt von Vogt Bremen DOTF

gegen eine Heuer von Hartmeyer monatlich

für die ~~Reise~~ / Zeit

Für die Walfangsaison

1938-39

Der Dienstantritt erfolgt am 26. Sep. 1938

Als Liegeplatz (Meldeort) ist angegeben

Dem Inhaber sind laut Musterrolle seit der letzten Abmusterung zur Invaliden- und Hinterbliebenenversicherung anzurechnen (siehe Seite 4):

a) für militärische Dienstleistungen .... Wochen,

b) für bescheinigte Krankheiten .... Wochen.

Inhaber ist laut Vereinbarung — auf sein Verlangen — in der höheren, seiner Dienststellung nicht entsprechenden Lohnklasse zu versichern.

Hamburg, den 26. SEP. 1938

, den ten 19

Das Seemannsamt.

Buck

Die ~~Abmusterung~~ ist unterblieben, weil

Seefahrtsbuch Heinrich Wickede

Inhaber ~~hat auf dem~~ Segel-/Dampf- Schiffe

Walfangmutterschiff "Walter Rau"

während der Reise/Fahrt von

nach --- Hamburg

den Fanggründen der Antarktis

und zurück

in der Zeit vom 26.9.38.

bis zum 5.4.39.

[Dienstzeit: 6 Monate 10 Tage]

als Matrose gedient.

Dem Inhaber sind für die Zeit vom 26.9.38. bis 9.4.39. für 28 Beitragswochen Beiträge für die Invaliden- und Hinterbliebenenversicherung zur Lohnklasse ... insgesamt ... ℳ von der Heuer abgezogen.

Hamburg, den 5ten April 1939

Unterschrift des Kapitäns:

i. A. [Unterschrift]

Die vorstehende [...] beglaubigt und die erfolgte Abmusterung hiermit vermerkt.

..., den 5ten APR 1939

Matrose 26.4.39

Das Seemannsamt.

[Stempel, Unterschrift]

Die Abmusterung ist unterblieben, weil ...

Urlaub (einschl. freie Tage) vom 6.4. bis 26.4.39

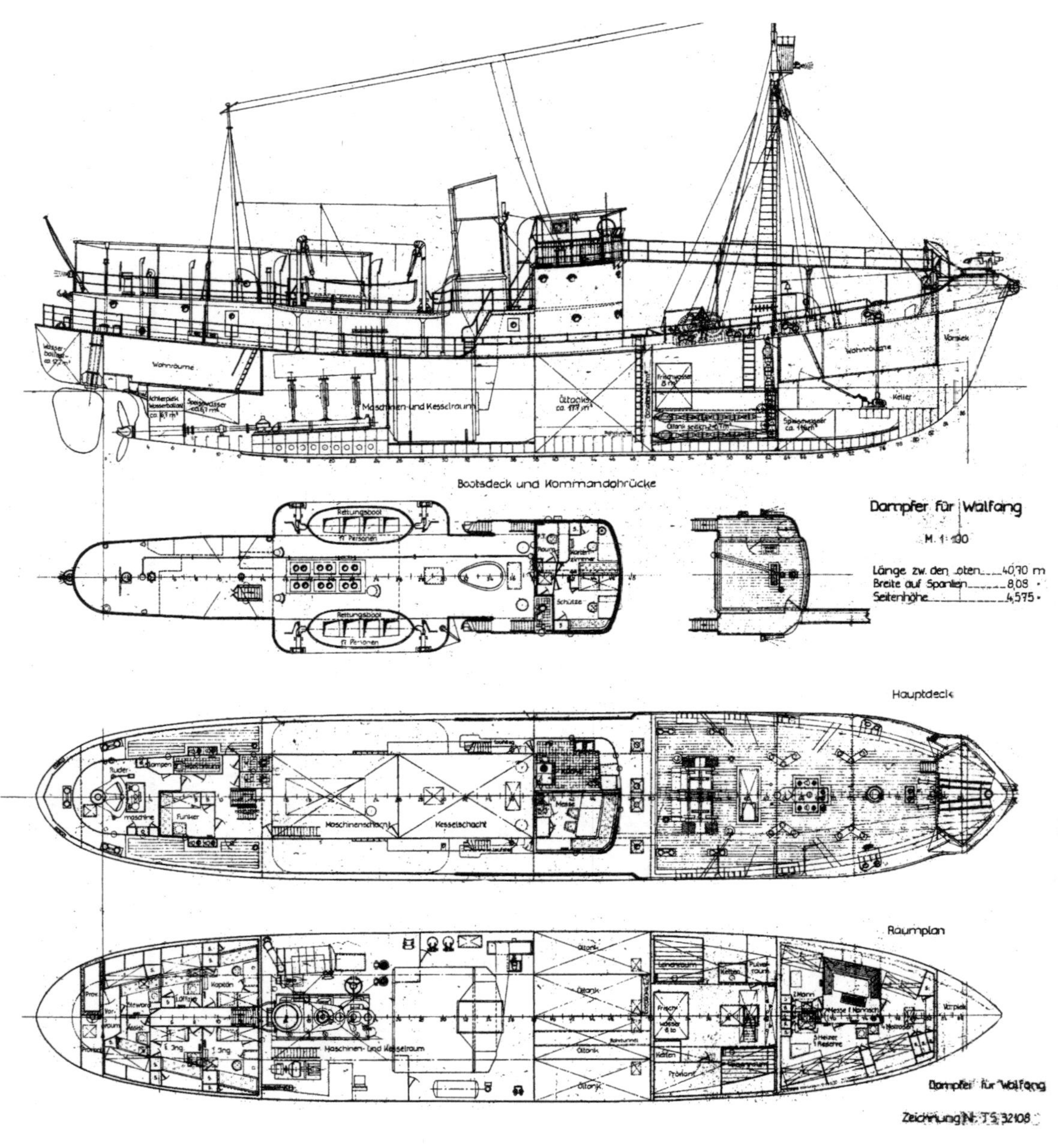

Plan der RAU 9 – baugleich mit den Fangschiffen RAU 1 – 8

Abreise

6. Oktober 1938

Am 26. September 1938 musterte ich auf dem Walfangschiff WALTER RAU an. Es ist die zweite Fahrt, die Walter Rau mit seinem Schiff samt den Fangbooten unternehmen lässt. Ich hoffe, dass ich genug Geld für die Seemannsschule verdienen kann! Das hängt davon ab, wie viele Wale wir fangen werden.

Für die 7 Monate lange Reise wurde das Schiff vom 26. September bis zum 8. Oktober ausgerüstet, zwei Tage später soll es losgehen.

10. Oktober 1938

Der 9. Oktober war ein Sonntag, an dem ich die letzten Vorbereitungen zur Reise erledigte. Ich packte die nötigen Sachen zusammen, viel ist es nicht, was ich mitnehmen darf. Warme Wäsche, das ist das Wichtigste.

Abends müssen wir dann alle an Bord sein.

Heute fuhren wir dann los. Am Morgen um 7:00 Uhr ging das große Abschiednehmen los. Grete und Oma Meyer standen mit all den anderen Frauen und Kindern zusammen.

Für die meisten war es eine schwere Stunde, auch für mich. Bei Brunshausen wurde noch Pulver für die Fangboote geladen.

Um 18:30 Uhr erreichten wir dann ELBE 1, wo wir den Elblotsen Paul Külper, der uns von Hamburg bis hier geführt hat, von Bord ließen.

Wir wünschten uns noch gegenseitig »Lebewohl« und dann ging es hinein in die weite See.

Nun sitze ich hier in der Kombüse und habe vor, täglich Einträge zu machen, um mich immer an diese Fahrt und an diese Zeit zu erinnern.

Am 11. Oktober

passierten wir mittags um 12:00 Uhr Haaks Feuerschiff (in der Nordsee, westlich von Den Helder).

Am Tag über wurde Schiffsarbeit gemacht. Unsere Arbeitszeit wurde wie folgt eingeteilt: Von 8:00 – 12:00, dann von 13:00 – 15:00 sowie von 15:30 bis 17:00 Uhr. Sonnabends arbeiten wir von 8 – 12 Uhr und sonntags haben wir frei.

Ich ließ mich heute wiegen: 151 Pfund *(=75,5 kg)*

Mittags wurde ein blinder Passagier gefunden. Keine Ahnung, was er vorhat, aber erst einmal nehmen wir ihn mit.

Standort
HAAKS FEUERSCHIFF

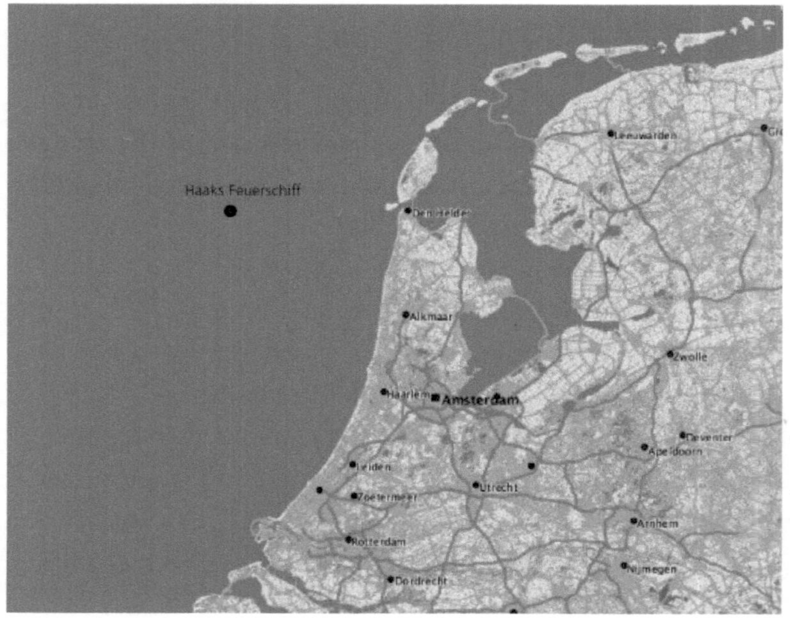

www.openrouteservice.org

Am 12. Oktober
kam ich morgens an Deck. Es bot sich mir eine wunderschöne Aussicht: an der Steuerbordseite hatten wir die Kreideküste von England vor uns. Die Sonne schien so wunderbar darauf, dass es wirklich romantisch wirkte. Gegen Mittag kam die französische Küste in Sicht, die wir dann den ganzen Nachmittag an Backbordseite hatten.

Steuerbord:	**in Fahrtrichtung rechts, Farbe: Grün**
Backbord:	**in Fahrtrichtung links, Farbe: Rot**

Abends passierten wir dann Ouessant und waren damit in der Biskaya. Die Arbeit an Deck war heute etwas anders. Man vermutet offenbar in mir einen großen Zimmermann, denn ich musste mit dem ersten Zimmermann einen Schweinestall bauen. Es ist eine angenehme Arbeit, aber natürlich ist der Stall heute noch nicht fertig geworden.

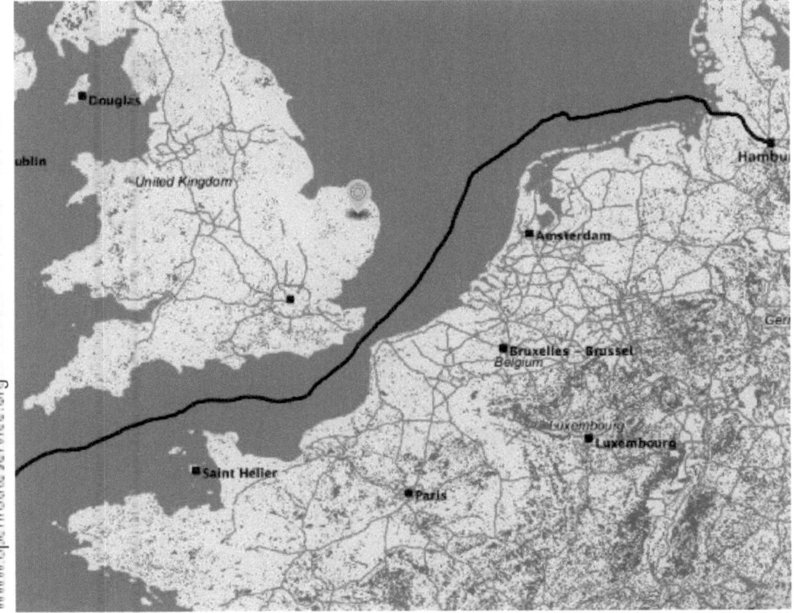

www.openrouteservice.org

Fahrt durch den Ärmelkanal

Klarmachen der Fanggeräte

Die Abende waren bis jetzt noch nicht langweilig. Es wird immer fleißig Harmonika geübt. Unsere Bude ist immer voll, denn »böse Menschen haben keine Lieder.« Also sind es alle lustige Menschen.

Jetzt ist es 20:00 Uhr. Ich mache noch einen Törn längs Deck und gehe dann zu Bett.

13. Oktober

Heute fuhren wir in der Biskaya. Wir haben immer 6–8 Windstärken, aber wir merken fast gar nichts davon.

Mittags lief an uns der Dampfer POUTHOS vorbei. Ein kurzer Gruß und weg war er.

Unser Schweinestall ist heute fertig geworden. Feierlich und mit viel Geschrei konnten die Schweine ihr neues Heim beziehen.

Überall an Bord herrschte reges Treiben. Alles wird für die Fangzeit in Ordnung gebracht. Es ist unglaublich, was da alles zugehört.

Heute Abend hatten wir die erste Mitgliederversammlung der NSDAP, es dauerte bis 21 Uhr. Anschließend ging ich noch mal zu Hein Fricke, um in den Atlas zu sehen, damit ich weiß, wo wir eigentlich fahren.

Das Essen ist immer noch wie in einem Hotel. Ich habe auch dementsprechend Appetit.

14. Oktober

Wir fuhren an der spanischen Küste entlang. (Cap Finisterre) Leider konnten wir die Küste nicht sehen, da wir den ganzen Tag Nebel hatten.

Das **Kap Finisterre** (»Ende der Welt«) ist ein Kap im Nordwesten Spaniens. Es befindet sich an der Südspitze einer kleinen Halbinsel aus Granitgestein, die an der höchsten Stelle 247 m ü. NN erreicht. Kap Finisterre liegt etwa 60 km westlich der Pilgerstadt Santiago de Compostela.

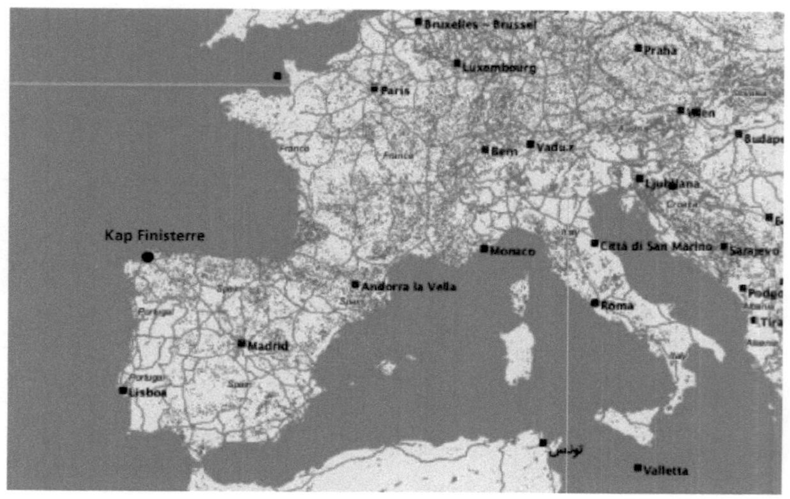

www.openrouteservice.org

Boxkampf an Bord

Aber dafür habe ich mich etwas mit der Natur beschäftigt, nämlich mit dem Wasser. Dieses sah bei Tage ganz wunderbar aus – und abends war es noch viel hübscher. Es blinkte und blitzte wie Glühwürmchen.

Der 15. Oktober

war ein Sonnabend. Wir hatten heute um 12.00 Uhr Feierabend. Der Nachmittag verlief sehr lustig. Es wurde geturnt und geboxt.

Das Boxen war natürlich am interessantesten. Da gab es tüchtig was zum Lachen. Musik leitete dann den Abend ein.

Ich bin bis jetzt noch nicht auf der Brücke gewesen, denn das Wachegehen wurde jetzt mit Jungen gemacht. Alle anderen arbeiten an Deck, wie auf einer Werft.

Opa Hein beim Ziehharmonika-Spielen

Zu jeder Mahlzeit heult eine Luftschutzsirene. Das ist das einzige, was ich nicht ausstehen kann. Ich bin es gar nicht gewohnt, auf die Minute anzufangen oder auszuscheiden. Aber dass es notwendig ist, sehe ich ein.

Die neuesten Nachrichten kommen jeden Tag zum Aushang.

Heute wurde es zum ersten Mal warm. Heiß darf ich es ja nicht nennen, denn das Thermometer zeigt erst 25–26° C. Das wird sich wohl noch steigern!

Der 16. Oktober

war ein Feiertag, Sonntag. Freizeit und Erholung findet hier seine Bedeutung. Heut Vormittag war es Schießen.

Hermann Fricke war Boss mit 33 Ringen. J. Meklenburg hatte 31 und ich 29. Hermann Hustedt und Asmussen 27. Finkenwerder hält die Stange!

Dann wurde noch Fußball, Handball usw. gespielt.

Abends hatten wir eine Kinovorstellung. »Jan Wilhelm[1], ein Walfänger auf seiner ersten Reise in die Antarktis«. Dann noch »Die U9[2] im Weltkriege«, alles umsonst.

Das Wetter war heute sehr gut, ein kaltes Bad daher eine Wohltat.

17. Oktober

Wir hatten wieder herrliches Wetter. Die Sonne wird immer etwas heißer. Heute Mittag kam Las Palmas in Sicht.

Wunderbar liegt die Stadt an der See. Große Berge sind die ersten Zeichen der Stadt und je näher man kommt, desto besser wirkt die ganze Stadt, die am Strande aufgebaut ist. Wir waren ganz erstaunt, als es hieß, dass Las Palmas angelaufen wird, um einen Kranken an Land zu bringen. Der Kranke war ein Maschinenaspirant, anscheinend lungenkrank. Sofort kamen einige Männer mittschiffs mit Briefen, wurden aber mit den Worten zurückgewiesen, dass keiner an Land oder an Bord käme.

Um 2 Uhr waren wir da und gingen sofort vor Anker.

Plötzlich hieß es, dass wir dann doch Post abgeben konnten. Ich ließ meine Arbeit liegen und schrieb schnell ein paar Zeilen an Grete und kam gerade noch zur rechten Zeit, so dass ich noch einen Brief nach Hause bekam!

Es vergingen 2 Stunden, bis alles in Ordnung war und der Kranke abgegeben werden konnte. Inzwischen waren schon

---

1 »Jan Willem« war das erste Walfang-Fabrikschiff unter deutscher Flagge und führte bis 1939 drei Fangreisen in der Antarktis durch. (https://de.wikipedia.org/wiki/Jan_Wellem_%28Schiff%29)

2 U9 war ein berühmtes U-Boot aus dem Ersten Weltkrieg.

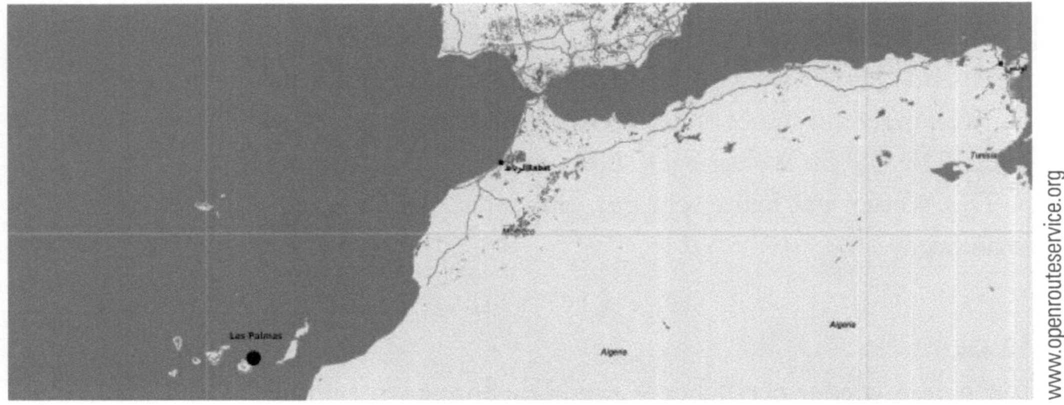

www.openrouteservice.org

Las Palmas

allerlei Boote an der Längsseite, um Obst und Zeugwaren zu verkaufen, aber das waren die größten Banditen, die ich je gesehen hatte. Dann fuhren wir wieder aus dem Hafen heraus und weiter ging die Fahrt. Ich habe noch lange zur Insel zurückgeschaut, um alles Schöne zu sehen.

Heute Abend hatten wir SA-Dienst von 20:00–21:30 Uhr.

Auch der blinde Passagier ist nun in Las Palmas an Land gebracht worden. Der Bengel wollte sich seiner Wehrpflicht entziehen.

18. Oktober

Es wird immer heißer. Die Sonne meint es gut mit uns. Sie scheint von morgens bis abends vom klaren Himmel herab. Jeder Gegenstand ist heiß an Bord, aber ich kann es gut vertragen.

Ich bin immer noch Zimmermann, weil ich den Nagel immer genau auf den Kopf treffe, wenn ich nicht gerade mal vorbei haue. Heute Nachmittag hatten wir ein Rudel Schweinswale an der Längsseite. Es waren wohl 1.000 Stück. Es war sagenhaft interessant, die Dinger zu bewundern, wie sie sich im Wasser tummelten.

Schweinswale an der Längsseite

19. Oktober

Es ist noch wieder heißer geworden. Ich habe nur noch Hemd und Hose an. Heute Abend wurde uns von Dr. Schwieger[3] (ein feiner Kerl) der Film: »Walter Rau's erste Reise nach der Antarktis« mit Erklärung vorgeführt. Es war sehr nett. Die Vorführung wurde an Deck gemacht.

In den Räumen kann man keine Ruhe finden, wegen der Wärme.

3 Dr. Schwieger war ein Chemiker, der zur Erforschung des Walöls mitfuhr.

Schweinswale (Phocoenidae)

Schweinswale gehören mit bis zu 2,5 m Länge zu den kleinsten aller Wale. Sie erreichen ein Gewicht zwischen 30 und 200 kg (abhängig von der Länge) und sind eng mit Delfinen verwand. Schweinswale leben in allen Meeren. Es ist der einzige Wal, der hier heimisch ist und in der Nord- und Ostsee vorkommt, hier jagt und die Jungen aufzieht. Seit 2013 werden sogar kleine Gruppen in der Elbe gesichtet. Als Zahnwale jagen sie hauptsächlich Fische, Heringe, Makrelen, Sandaale und Plattfische wie Scholle und Flunder, ernähren sich aber auch von Krebstieren oder Tintenfischen. Täglich nehmen sie etwa 10% ihres Körpergewichts an Nahrung zu sich.

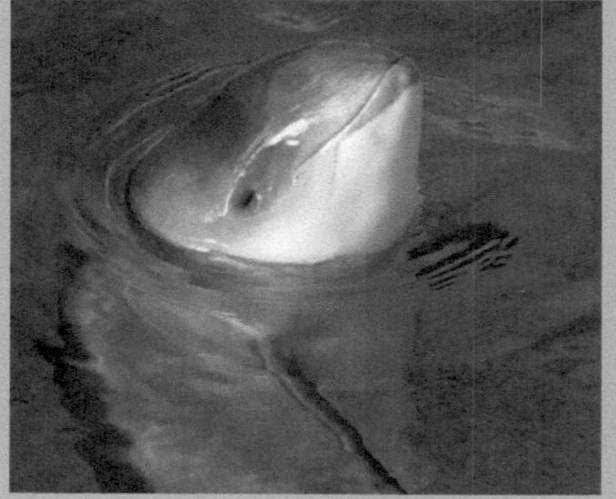

CC BY-SA 3.0

Nach einer Tragzeit von 10–11 Monaten werden in jedem Jahr im Mai/Juni die Jungen geboren – zuerst mit dem Schwanz, zuletzt mit dem Kopf. So wird gewährleistet, dass die Nabelschnur nicht reißt und das Jungtier erstickt, außerdem hat die Schwanzflosse für das Entfalten und Aushärten mehr Zeit. Im Alter von 5 Monaten lernt das Junge, kleinen Fischen hinterherzujagen, noch weitere 3 Monate wird es aber zwischendurch immer wieder gesäugt.

Schweinswale werden im Schnitt 8–12 Jahre alt, es wurden aber auch tote Tiere gefunden, die bis zu 20 Jahre alt geworden waren. Das Alter lässt sich anhand von Jahresringen ablesen, die sich an den Zähnen bilden.

Schweinswale leben vorwiegend in den Küstengewässern der Subarktis und des kühlgemäßigten Nordatlantiks und Nordpazifiks, im Sommer innerhalb 10 km vor den Küsten, in den Wintermonaten weiter draußen im Meer. Oft findet man sie in flachen Buchten oder gelegentlich auch in Flüssen, in die sie hineinschwimmen. Die Art der Schweinswale gilt nicht als gefährdet. Trotzdem liegt die größte Gefahr in den tief ausgelegten Fischernetzen, in denen jährlich tausende verenden.

CC BY-SA 3.0

Afrika

Am 20. Oktober

bekamen wir um 10:00 Uhr Dakar in Sicht. Zum ersten Mal in meinem Leben sehe ich Afrika! Im Großen und Ganzen ist aber kein Erstaunen nötig. Wir sahen wohl Palmen und Schwarze und eine bunte Felsenküste, das war aber auch schon alles.

Schwarze sind wir jetzt ungefähr selbst. Es ist tüchtig heiß. Bleichgesichter gibt es bei uns nicht mehr. Jeder ist verbrannt oder braun. Ich bin natürlich verbrannt. Wir liegen in der Bucht vor Anker, alle Fangboote liegen bei uns Längsseite und nehmen ihr Geschirr hinüber.

Das Beste vom Tage war natürlich ein Brief von Mutti.

An Land konnte leider keiner kommen, alle sahen sehnsüchtig hinüber. Aber sie sparten ihr Geld.

Dakar

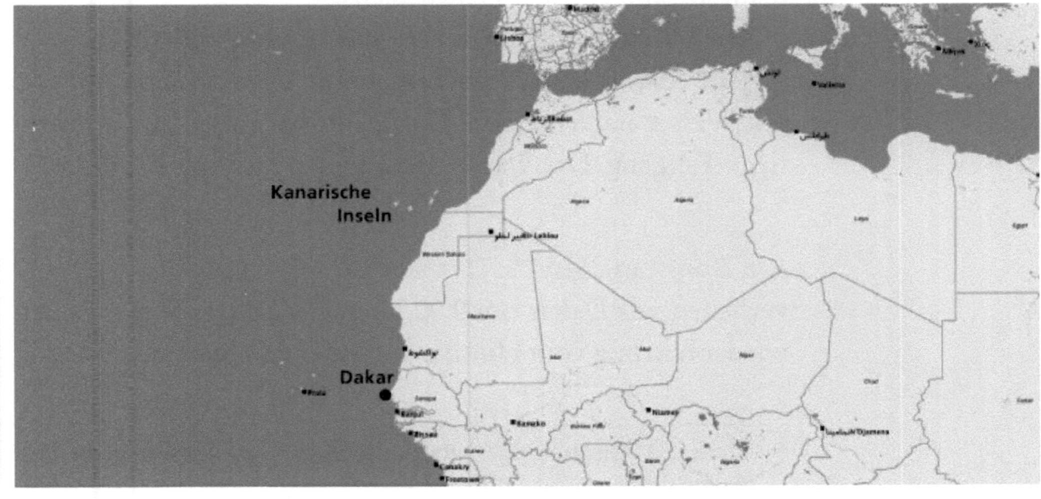

www.openrouteservice.org

21. Oktober

Wir liegen in Dakar. Um 6:00 Uhr kam der Tankdampfer ELEONORA MAERKSEN, der uns 14.000–15.000 Tonnen Öl gab. Die Fangboote haben einen Teil ihrer Ausrüstung bekommen und fahren nach Walfischbai[4] (Namibia). Die Hitze ist ganz fürchterlich, an Land ist noch keiner gekommen.

Ein Schwein ist heute an der Hitze gestorben. Aasgeier, die über unserem Schiff kreisen, wurden abgeschossen, 2 Stück.

Der 22. Oktober

war ein Sonnabend, Gott sei Dank. Wir lagen den ganzen Tag in Dakar und nahmen Öl. Es ist immer furchtbar heiß, 50–60° C. Ich trage immer nur Hemd und Hose, und trotzdem ist alles nass vom Schweiß.

Um 12:00 Uhr war Feierabend. Sofort ging ich in den Duschraum und nahm eine kalte Dusche. Das war eine Erfrischung von hohem Wert! Den ganzen Tag über kamen Neger an Bord, um Bier zu verkaufen. Sie wurden nicht viel los, denn sie sahen zu unappetitlich aus.

Die Norweger dagegen haben sich gütlich gelabt.

Am Abend kamen noch mehrere Wasserboote, um uns mit Wasser zu versorgen. Das Schiff hat schon einen mächtigen Tiefgang. Das Wasser steht hinten im Slip bei 35 Fuß.

Am Sonntag, den 23. Oktober

verließen wir Dakar um 9:00 Uhr wieder. Die Sonne schien wieder mächtig vom Himmel herunter. Ich hatte mich richtig

4 Heute: Walfischbucht, drittgrößte Stadt Namibias, liegt an der Atlantikküste.

fein gemacht, das heißt Hose und weißes Hemd. Danach habe ich es mir unter dem Sonnensegel gemütlich gemacht.

Zuerst fuhr der Tankdampfer weg. Und gleich darauf setzten auch wir uns mit RAU 1 – dieses Boot ist zur Begleitung bei uns geblieben – in Bewegung. Nur eine Stunde später, also um 10:00 Uhr, war Afrika bereits außer Sicht. »Gott sei Dank«, dachte ich, denn ich hatte von Afrika genug.

Mein Gesicht sieht aus, als ob ich ein Aussätziger wäre, so blättert es ab.

Nachmittags hatten wir wieder Schießübungen von der SA aus.

Zum Abendbrot gab es eine Flasche Bier. Das war ein Gedicht. Ich dachte, ich befände mich im Deutschland-Haus. Schwarzbrot und Wurst, das ist mein Fall.

Nach dem Abendessen ging ich noch mal zu Hein Fricke, um wieder in die Karte zu sehen. Es kamen noch Dr. Schwieger und einige andere Herren dazu. Natürlich gab es einen herrlich kalten Trunk, und dabei wurde mir ein bisschen »Wissenschaft« erzählt und so was. Es war ein angenehmer Feiertag.

24. Oktober

Das Wetter hat sich geändert. Als ich an Deck kam, war die Luft bedeckt. Der Wind tat auch sein Bestes. Tagsüber gab es noch ordentlich Regen. Das war eine angenehme Abkühlung.

Heute wurde schon für die Äquator-Taufe gerüstet. Wir haben das Bad gebaut. Es besteht aus einem großen Holzkasten mit Maßen von 4 x 6 Meter. Der Kasten wird mit einer Segeltuchhülle ausgelegt.

Am Abend hatten wir SA-Dienst von 20:00 bis 22:00 Uhr.

25. Oktober

Der Regen ist weniger geworden. Ab und zu kam noch eine pechschwarze Wolke. Sie kühlte etwas, aber es war trotzdem immer noch recht heiß. Die Arbeit an Deck ist immer noch dieselbe.

Abends wurde tüchtig zur Taufe gerichtet. Es wird allem Anschein nach ein großes Fest. Ich bin sehr gespannt! Etwas Abwechslung an Bord tut uns allen gut!

26. Oktober

Heute regnete es ganz fürchterlich. Erst gegen 14:00 Uhr wurde es trocken. Wir legten daher in den Innenräumen ein Schondeck (Gredings). Es wird immer noch vieles zur Taufe vorbereitet. Es wird ein großes Fest! Morgen früh um 9 Uhr müssen alle zur Taufe antreten.

Äquatorlinie

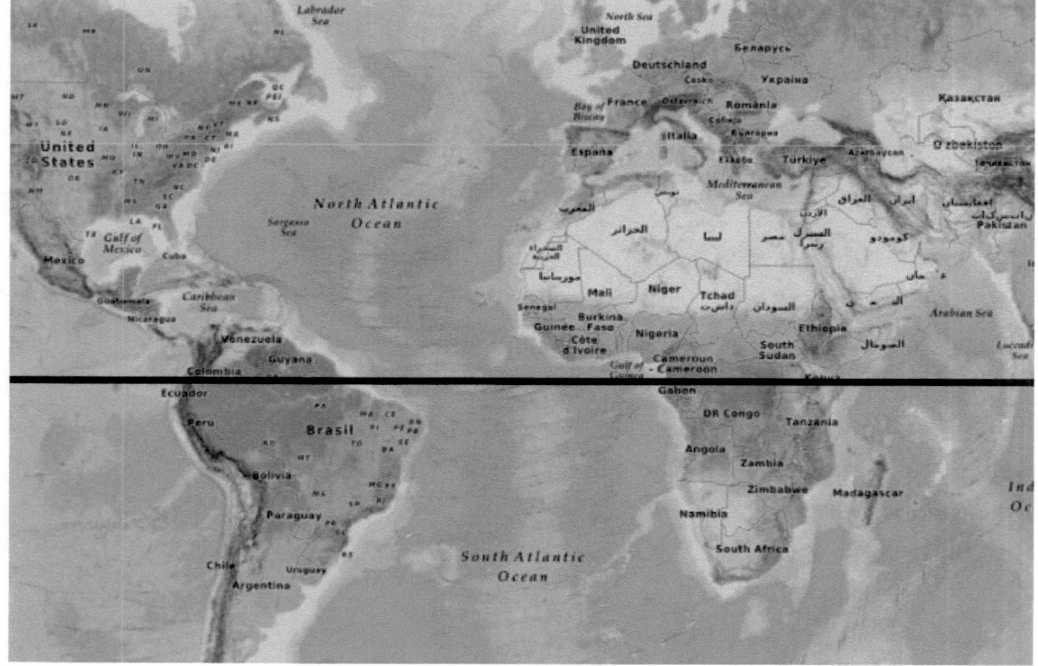

www.openrouteservice.org

Äquatortaufe

27. Oktober

Wir haben die Äquatorlinie passiert!

Bis 8 Uhr war Frühstück. Danach ging es los: Neptun nebst seiner Gattin, seinem Gefolge, bestehend aus einem Pastor, einem Adjutanten, einem Doktor, Frisör, 4 Sipos[5], 4 Neger[6] und einer Musikkapelle, machten zusammen einen Umzug. Es gab natürlich ein fürchterliches Gelächter.

Vor der großen Tribüne, die vor dem großen Taufbad aufgebaut ist, wurde Halt gemacht. Neptun stellte sich vor den Kapitän, hielt eine große Rede und überreichte dann dem Kapitän, dem Fangleiter, dem ersten Maschinisten und dem ersten Offizier einen großen Orden aus Holz.

Danach traten sie auf die Tribüne, von wo aus der Herr Pastor eine Rede hielt, die uns allen Leibschmerzen verursachte.

Dann ging die Taufe los. Ich war der siebzigste von den hundert Männern, die getauft wurden. So hatte ich reichlich Gelegenheit, alles mit anzusehen. Es war höchst interessant und machte sehr viel Spaß.

Zuerst gab es das Abendmahl: Jeder bekam einen Schluck Medizin, die aus Lebertran und Rizinusöl bestand.

---

5 SiPo = Sicherheitspolizei.

6 Das Wort »Neger« war für meinen Großvater kein Schimpfwort.

Einmarsch bei der Äquatortaufe

Dann gab es eine Pille, die aus sämtlichen Gewürzen, die man in der Küche findet, bestand. Anschließend ging es zur Kanzel, wo der Pastor in den Mund guckte, ob auch alles runtergeschluckt war. Nach dieser Prüfung goss der Pastor jedem eine Kelle mit kaltem Wasser über den Kopf.

Dann folgte der Rest der Taufe: Wir wurden mit einem Pinsel Nr. 20 kräftig eingeseift. Aus einem anderen Topf erhielten wir dann einen bunten Anstrich. Der Rücken und der Bauch wurden rot, der Kopf schwarz angemalt. Inzwischen hatte der Friseur die schöne Tolle abgeschnitten, und – bums – lag man in den Händen der Neger, die einen dann noch tüchtig in dem Bad untertauchten. Mir selbst ist die Taufe gut bekommen.

Ich hatte viel Mühe, den Dreck wieder vom Körper runter zu bekommen. Und meine schöne Tolle, die ist weg.

Neptun und sein Gefolge

Rede des Pastors

Opa Hein bei der Taufe

Zum Mittag gab es Erbsen mit Wurzeln, Schinken und Spargel.

Am Nachmittag, 13:00, ging es weiter mit Schießen, Wettlaufen, Eierlaufen, Sacklaufen und Boxen, richtig auf der Tribüne im Ring. Wir hatten sehr viel Freude und Spaß bei den Kämpfen, jeder gab sein Bestes.

Abends gab es Knackwurst mit Kartoffelsalat, eine Flasche Bier, Zigarren und Zigaretten.

Um 20 Uhr ging es dann wieder los: Die Bühne wurde mit Scheinwerfern hell erleuchtet. Dann wurden Preise verteilt, die von verschiedenen Leitern an Bord gestiftet worden waren. Bei so vielen Leuten finden sich ja immer Komiker, die für die nötige Unterhaltung sorgen.

Es war ein wunderschöner Feiertag. Auch das Wetter war den ganzen Tag über herrlich.

Ein weiteres Naturereignis sah ich am Mittag: bei unserem Schiff hatten wir einen ganzen Schwarm fliegende Fische.

28. Oktober

Jeder machte seine Arbeit wieder wie gewöhnlich. Einer neckte den anderen wegen der verlorenen Tolle, und jeder war noch vergnügt über den schönen Tag.

Man erzählt sich, dass wir die »Walfischbai« nicht anlaufen, sondern gleich weiter nach Kapstadt fahren. Den Abend verbrachten wir mit Musik und Lesen.

Die Fahrt geht seinen Gang

29. Oktober

Heute ist wieder Sonnabend und um 12:00 Uhr Feierabend. Wir hatten dennoch gut zu tun, denn die Wäsche musste gewaschen werden!

Um 17:00 Uhr habe ich nun zum ersten Male die Brücke betreten. Dieses kam von der SA aus. Der erste Offizier hat uns den Kreiselkompass erklärt. Es war sehr nett, das alles mal zu besichtigen.

Am Abend war dann noch Betriebsversammlung.

Aus der Bücherei holte ich mir heute das Buch »Das waren Kerle«[7]. Es handelt von Marinegeschichten usw.

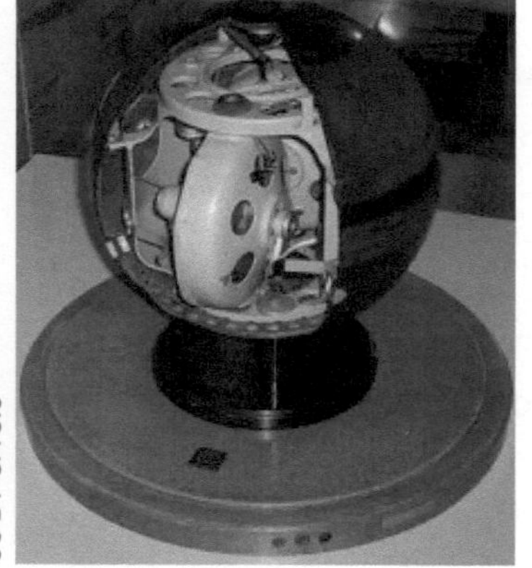

CC BY-SA 3.0

Der **Kreiselkompass** ist ein Kompass, der sich parallel zur Rotationsachse der Erde orientiert und so die Nord-Südrichtung anzeigt. Da er einige Zeit für die Ausrichtung benötigt, wird er insbesondere bei langsamfahrenden Fahrzeugen wie Schiffen eingesetzt. Er arbeitet unabhängig vom Magnetfeld der Erde und zeigt deshalb keine magnetische Missweisung. Hingegen entsteht eine Missweisung bei schneller Eigenbewegung. (wikipedia.org)

---

7 Manfred von Killinger: Das waren Kerle (1. Band der Bücherei des Soldatenbundes), Berlin 1937.

30. Oktober

Der heutige Tag verlief ziemlich gemütlich. Morgens von 9:00–10:00 Uhr SA-Dienst, danach habe ich gelesen. Nach dem Mittag schlief ich bis zum Kaffee, und bis zum Abendbrot haben wir musiziert. Später besuchte ich J. Meklenburg und Hermann Hustedt, eine Düsseldorfer Gruppe. Wir haben uns lustig unterhalten und viel gelacht.

Es hat sich mächtig abgekühlt. Ich trage bereits wieder Unterzeug. Unaufhaltsam fahren wir weiter, ohne Land in Sicht zu bekommen. Der Wind wurde heute etwas mehr, wir hatten etwa 3–4 Windstärken. WALTER RAU rollt gemächlich seine Bahn. Heute Abend war wieder SA-Dienst. Mit Singen und Politik verbrachten wir den Abend.

1. November

Ich bin immer noch Zimmermann, habe mich schon daran gewöhnt. An Deck sieht es immer mehr nach einem Arbeitsplatz aus.

Man muss sich immer wieder wundern, was alles dazu gehört, um das Schiff und die Fangboote in einen fertigen Zustand zu bringen. Die RAU 1 fährt immer noch bei uns. Sie steckt die Nase mitunter auch mal unter das Wasser, hält aber die Stange.

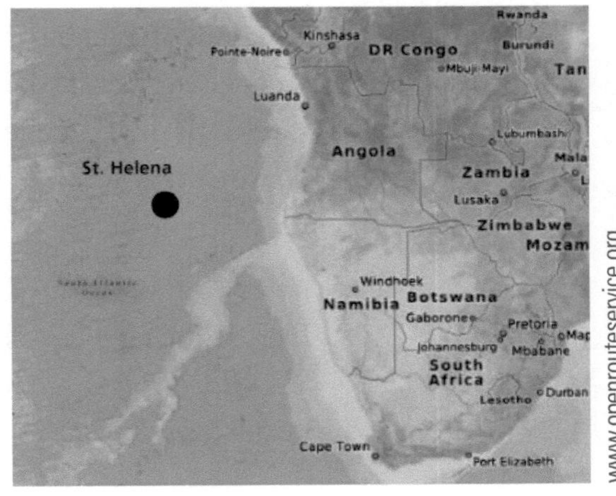

www.openrouteservice.org

Der Atlantische Ozean ist ein unbeschreiblich großes Meer. Wir fahren an der afrikanischen Küste, vorbei an Kamerun, Kongo, und wie das alles heißt, aber wir sehen weiter nichts als Wasser. Von ferne sehen wir die französische Insel St. Helena, sonst gar nichts.

Nach Kapstadt, Kap der guten Hoffnung, fahren wir angeblich hin, aber das wird wohl das einzige sein, was wir sehen werden.

2. November

Immer weiter fahren wir unsere Bahn. Ein paar große, hübsche Albatrosse umkreisten heute das Schiff.

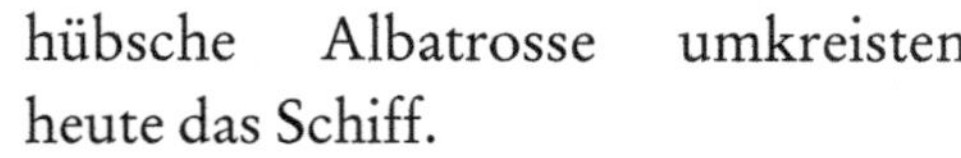

Wir fingen an, die Innenräume mit Holz auszulegen. Zum Schutz gegen die großen Nägel, die unter unseren Schuhen sitzen.

Um 15:00 Uhr wurde unser Schiff plötzlich zum Stehen gebracht. RAU 1, die keinen Brennstoff mehr hatte, kam an die Längsseite zum Bunkern. Nur ein kleiner Zwischenfall, eine kleine Abwechslung, nach einer halben Stunde war alles vorbei.

Heute Abend habe ich meine letzten Neujahrskuchen aufgegessen und dabei an die köstliche Entstehung der Herkunft des Kuchens gedacht und zwar an »Frauchen«.

Mit Erzählen usw. verbrachten wir den Abend.

3. November

Der Wind ist etwas stärker geworden (8 Windstärken). WALTER RAU schaukelt schon ein bisschen besser. Es sieht komisch aus, wenn die Leute längs Deck wackeln. Die Tage

werden schon erheblich länger. Zwischen 19:00 und 20:00 wird es dunkel.

Wie fahren jetzt immer auf südlichem Kurs, so dass unsere Uhr schon ungefähr mit der deutschen Zeit übereinstimmt.

Ich schrieb einen Brief an zu Hause. Es ist nun 0:00 Uhr, Mitternacht. Draußen ist es dunkel und ungemütlich.

4. November

Das Wetter ist ein richtiges Seemannswetter. Wir schaukeln tüchtig, es macht ordentlich Spaß. Die Arbeit ist noch immer dieselbe, Zimmermann ist ein dicker Job.

Der Bootsmann sagte zu mir, dass ich im Fanggebiet sein Kollege sein werde, gemeinsam werden wir Fangboote abfertigen. Es soll ein guter Job sein. Ich werde in der ersten Halbzeit Nachtschicht machen und zuletzt Tagesschicht. Das ist der beste Törn, weil es zuerst kaum Nacht wird, aber zuletzt werden die Nächte kälter sein.

5. November

Es ist Sonnabend. Um 12:00 Uhr war Feierabend. Für uns ist das ja eine feine Sache, Zeugwäsche und alles andere wird in Ordnung gebracht. Um 14:00 Uhr mussten wir unsere Post abgeben, damit sie als Deutsche Seepost befördert werden kann.

Abgeschossener Albatros

Am Nachmittag schoss Dr. Schwieger einen Albatros ab. Er flog mitten auf das Deck und hatte eine Flügelspannung von 2,85 m und eine Länge von 1 m., das Gewicht 14 kg! Ein sehr hübscher Vogel!

Um 16:00 Uhr kam die Afrikanische Küste wieder in Sicht, um ca. 23:00 Uhr waren wir da. Zunächst müssen wir aber noch vor Anker liegen und kommen erst morgen früh an den Kai. Jeder macht sich schon landklar.

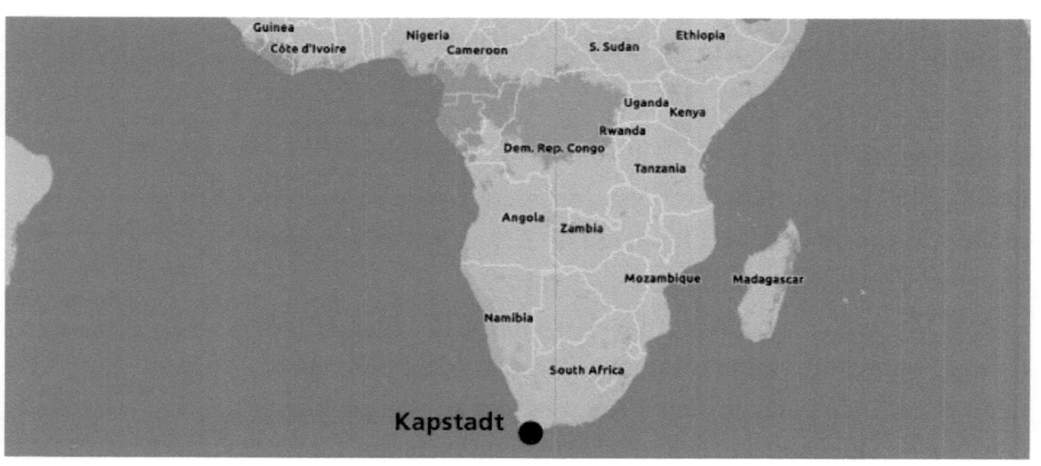

www.openrouteservice.org

Kapstadt

6. November

Um 7:00 Uhr machten wir in Kapstadt fest. Ich war bereits um 6:00 Uhr aufgestanden und hatte so die Gelegenheit, mir alles schön anzusehen. Immerhin habe ich mit dem Festmachen nichts zu tun. Die Gegend war wunderbar. Ein großer Berg, der Tafelberg, stemmte sich uns entgegen. Zu Füßen lag der kleine Hafen. Es sah sehr originell aus.

Um 9 Uhr bekam ich Post von Mutti. Ich freute mich sehr.

Kapstadt

LINOTYPE &
RUTHERFOR
LTD.
FUNERAL FURNISHERS
SEUNS

Um 10:00 Uhr machte ich mit Hein Fricke, Dr. Schwieger und Hans Fick, der mich eingeladen hat, einen Landgang. Nachmittags wurde eine Autotour gemacht, rund um den Tafelberg. Es war herrlich. Auch besuchten wir den zoologischen und botanischen Garten, und besichtigten noch viele Wunder dieses Landes.

Um 19:00 Uhr war ich wieder an Bord. Dann schrieb ich noch einen Brief nach Hause. Es war ein schöner Sonntag!

7. November

Ich arbeitete auf der RAU 4. Dort machten wir eine Greding[8]. Abends waren wir bei einer Deutschen Vereinigung eingeladen. Die Tour dorthin war herrlich. Sie dauerte fast eine Stunde. Das Vereinshaus bestand aus einem großen Saal. Er war ausgeschmückt mit Hakenkreuzfahnen.

Unsere Deutschen waren nicht sehr stark, wie wir gedacht haben: 30 Männer mit Frauen. Unsere Bordkapelle spielte auf, und es wurde ein paar Stunden getanzt, wobei ich auch einmal mit einer Deutschen Frau auf Afrikanischen Boden tanzte. Um 23 Uhr fuhren wir wieder an Bord. Wir waren mit 100 Mann.

8. November

Heute fand die Beerdigung unseres Stewards statt. Er war Sonntagabend beim An-Bord-gehen verunglückt. Er war vom Landsteg gestürzt und war am Montag tot. Es war ein Hamburger Junge.

Ich war nicht mit zur Bestattung, weil nur ein kleiner Teil abkommandiert wurde.

---

8 Schondeck.

Stattdessen habe ich heute auf der RAU 7 gearbeitet. Die Fangboote liegen alle bei uns an der Längsseite.

Der ganze Hafen liegt voller Fangboote aller Nationen. Viele Deutsche waren heute noch an Bord gekommen und haben unser Schiff besichtigt.

Es ist heute der letzte Tag im Hafen. Viele von den Kameraden gehen noch einmal an Land. Ich hatte keine Lust mehr und gehe lieber frühzeitig ins Bett.

9. November

Wir fuhren heute um 10 Uhr aus dem Hafen und gingen draußen vor Anker. Dort bekamen die Fangboote Munition. Um 15:00 Uhr war alles fertig und die Reise ging los. Einen herrlichen Anblick bot uns die Stadt vom Meer aus!

Die Fangboote fuhren alle in unserer Umgebung, als wenn eine Mutter mit ihren Gören spazieren geht.

Wir sahen die Küste noch bis 19:00. Haufenweise Schweinsfische[9] waren bei unserem Schiff.

Heute Abend gab es eine Kundgebung der SA, bei der wir in Uniform erscheinen mussten.

10. November

Wir schaukelten wieder auf hoher See. Der Wind war tüchtig aufgebrist, so dass wir schon sogar einige Spritzer an Deck bekamen. Die Fangboote stampften schwer in der See. Bei uns ist alles klar zum Walverarbeiten. Wir haben heute die großen Sporen bekommen, die wir uns unter die Stiefel schraubten, damit wir nicht ausrutschen. Heute Abend geh ich früh ins Bett.

11. November

Das Wetter ist immer noch stürmisch. Es ist sehr ungemütlich an Deck. Man merkt schon, dass es immer kälter wird.

Um unser Schiff herum hatten wir den ganzen Tag fliegende Fische.

Unsere Zimmerarbeit nimmt gar kein Ende. Überall, wo gelaufen wird, muss eine Greding gelegt werden. Wir verbrauchen viel Holz.

Heute Abend wird wieder musiziert.

12. November

Das Wetter ändert sich noch immer nicht. Aber WALTER RAU schlängelt sich trotzdem mit 11 Meilen durch das

9 Gemeint sind Schweinswale.

Meer. Den Schweinestall haben wir heute im Steven[10] aufgebaut. Danach fand der Umzug der Schweine statt – es war das reinste Theater, das uns die Schweine bei dem Seegang vorführten. Aber wir haben die Tiere alle gut hinein bekommen.

An Deck ist jetzt alles klar. Wir haben heute Mittag alle unseren Arbeitsplatz zugeteilt bekommen. Die Wale können getrost kommen. Ich bin »Mädchen für alles« geworden, so genannte Brückenwache: Fangboote ausrüsten, Wale anbinden, steuern und noch alles, was so anfallen wird. Es soll ein guter Job sein.

Heute hatten wir den letzten SA-Dienst.

13. November

Zum ersten Male habe ich mich richtig zu meinem Federbett gefreut. Es ist plötzlich recht kalt geworden. Alle sind aufgewacht vor Kälte, bloß ich nicht.

Das Wetter ist wieder ganz herrlich, der Wind ganz abgeflaut. Es ist Sonntag heute, und alles ging gemütlich an Deck spazieren. Der Lautsprecher schallte längs Deck »Meine Mutter'l war ne Wienerin«.

Ich gehe früh ins Bett.

---

10 Die Steven sind Bestandteile des »Gerüstes« des Schiffsrumpfes. Sie stellen die vordere und gegebenenfalls hintere, nach oben gezogene Verlängerung des Kiels eines Schiffes oder Bootes dar.

Es wird ernst mit dem Walfang

14. November

Heute musste mein Isländer sein Bestes tun. Es war kalt an Deck. Am Vormittag bekamen wir einen Eisberg in Sicht. Es war der Erste, den ich in meinem Leben gesehen habe und er wurde auch dementsprechend bewundert.

Die Fangboote sind alle außer Sicht, denn sie suchen Wale. Nachmittags sollten wir noch mehr zu sehen bekommen: so gegen 15:00 Uhr fuhren wir mit einem Male mitten im Treibeis. Darauf machten Pinguine und Robben es sich gemütlich. Eisberge sahen wir nun haufenweise: große, allmächtige. Es war ein herrlicher Anblick.

Um 21:00 wurde unsere Maschine plötzlich gestoppt. Als wir an Deck kamen, sahen wir, dass die WALTER RAU sich gemütlich im Eise hingelegt hatte. Alle Fangboote sind wieder bei uns. Das ist wohl ein Zeichen, dass hier Wale sein werden und morgen das Fangen losgeht. Ich habe bisher noch keinen einzigen Wal gesehen, obwohl wir uns jetzt im Eismeer befinden.

15. November

Heute ist ein mächtiger Sturm aufgekommen, so dass wir kaum lange an Deck kommen konnten. Wir gingen daher durch die Fabrik nach vorne. Die See ist so aufgewühlt, dass uns das Eis aufs Deck fliegt.

Um 8:00 Uhr wurde die Wache eingeteilt, weil ja keiner an Deck arbeiten konnte.

Bei all dem schlechten Wetter gibt es doch immer etwas zum Staunen. Ich stand eine ganze Zeit auf dem Heck. Das Wasser lief bis auf das Deck, und stürzte dann mit Getöse wieder hinunter. Am Nachmittag kam vorne ein Brecher, der den ganzen Schweinestall mitnahm! Zwei Schweine brachen sich die Beine und mussten geschlachtet werden. Die anderen wurden unter Deck gebracht.

Ich bin heute Abend zum ersten Male ans Ruder gekommen und hatte Wache von 18:00–6:00 Uhr.

Der erste Wal

16. November

Meine Wache war pünktlich um 6:00 zu Ende. Das Steuern hatte mir ganz gut gefallen. Wir drehten heute Nacht um 3:00 Uhr um, um zu unseren Fangbooten zu fahren, die längst außer Sicht waren.

Ich schlief bis nachmittags 15:00 Uhr. Als ich an Deck kam, brachte die RAU 6 uns den ersten Wal. Da gab's natürlich wieder was zum Staunen!

Der Wal wurde an der Längsseite festgemacht und diente zuerst als Fender für das Schiff. Die RAU 7 hat sich

Allgemeines über Wale

Wale sind Säugetiere, die vollständig an das Leben im Wasser angepasst sind und nicht in der Lage sind, an Land zu überleben. Sie besitzen Lungen und atmen und können je nach Art bis zu zwei Stunden untergetaucht bleiben. Unabhängig von ihrer Umgebung haben sie eine gleichwarme Körpertemperatur.

Als Säuger gebären Wale vollentwickelte Kälber und säugen sie mit sehr fettreicher Milch.

Wale werden in Barten- (Glatt-, Zwergglatt-, Furchen- und Grauwal) und in Zahnwale (Pottwalartige, Pottwal, Zwergpottwal, Flussdelfine, delfinartige- und schnabelartige Wale) unterschieden.

Die Bartenwale, zu denen außer dem Pottwal alle Großwale gehören, besitzen lange herabhängende Hornplatten, die sogenannten Barten, im Maul, die sie zur Nahrungsaufnahme benötigen: Mit geöffnetem Maul durchkämmen sie Fischschwärme und pressen mit Hilfe der Zunge das Wasser durch die Barten wieder hinaus. Die Ernährung besteht hauptsächlich aus kleinen Schwarmfischen und kleinen Krebstieren (=Krill oder Zooplankton). Die Furchenwale besitzen tiefe Furchen an der Unterseite des Mauls, mit deren Hilfe sie das Volumen der Mundhöhle um ein Vielfaches vergrößern können. So können sie tonnenweise Wasser aufnehmen und anschließend durch die Barten filtern.

Der Grauwal schaufelt riesige Mengen Meeresboden ins Maul und siebt mit seinen relativ harten kurzen Barten Würmern, Schnecken und Muscheln aus dem Sediment.

Bartenwale machen lange Wanderungen: im Sommer halten sie sich in kalten, nährstoffreichen Gebieten, den Nahrungsgründen (»feeding grounds«) auf, im Herbst wandern sie zur Paarung, Geburt und Aufzucht in wärmere subtropische und tropische Regionen, die Paarungsgründe (»breeding grounds«).

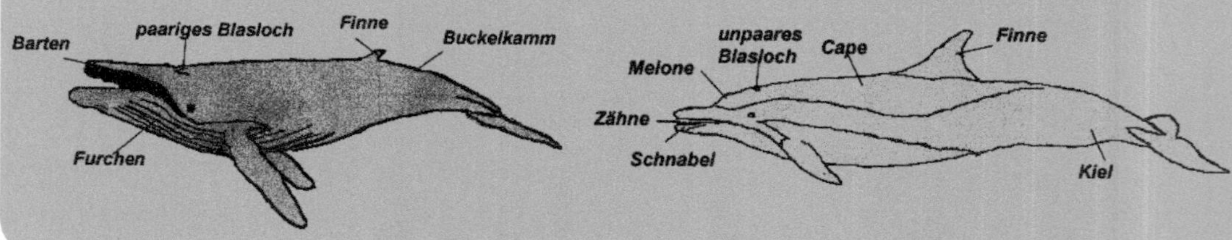

Zahnwale sind mit der Ausnahme des Pottwals deutlich kleiner als die Bartenwale und besitzen bis zu 200 Zähne. Die Form und Anzahl hängt von der jeweiligen Unterart ab. So hat z.B. der Narwal nur einen langen Stosszahn, einige Delfine bis zu hundert Zähne. Die Unterordnung der Zahnwale umfasst 77 Wal-Arten und ist damit komplexer und umfangreicher in Überfamilien und Familien eingeteilt. Ihr homodontes (=geleichförmig) Gebiss nutzen sie zum Greifen der Nahrung, die aus Fischen, Kopffüßlern und Tintenfischen, bei den Orcas auch aus Robben und Pinguinen besteht. Das Maul ist schnabelförmig.

Die Zahnwale besitzen eine deutliche Finne, Bartenwale hingegen haben nur eine kleine oder auch gar keine.

Sie leben in Walgruppen von 3 bis 12 Tieren, zu bestimmten Gelegenheiten finden sie sich in riesigen Ansammlungen von bis zu 1.000 Tieren zusammen, wobei dann auch mehrere Arten vertreten sein können.

1. Grönlandwal, 2. Orca (Schwertwal), 3. Nordkaper (Glattwal). 4. Pottwal, 5. Narwal, 6. Blauwal, 7. Furchenwal, 8. Belugawahl (Weißer Wal)

die Schraube angehauen und musste zurückfahren. Sie kam Längsseite und nahm ihre Ausrüstung hinüber. Wir liegen mitten im Eis und es schneit tüchtig. Der erste Wal wurde noch verarbeitet.

17. November

Es wurden wieder 2 Wale verarbeitet. Es ist hier wie auf einem Schlachthof. Das ganze Deck ist voller Blut. Ich mache aber immer meine Brückenwache und habe noch kein Blut an meinen Händen gehabt.

Es wurde noch ein vierter Wal gebracht.

18. November

Nachts bekommen wir einen so mächtigen Schneesturm, dass wir heute wohl keine Wale an Deck bekommen.

Wir haben immer ca. 2°–3° C unter null. Mein ganzer Körper wird jetzt umgewürfelt. Auch meine Mahlzeiten sind jetzt umgekehrt.

Um halb 6 Uhr am Abend gibt es Kaffee, um 20:00 Uhr Frühstück. Ich fühle mich ganz gut dabei.

19. November

Es war alles wieder beim Alten. Wir lagen die ganze Nacht im Eis. Ich musste die ganze Nacht über Wache gehen. An Deck war alles ruhig, da keine Wale gekommen waren.

20. November

Heute ist Sonntag. An Deck auch, weil keine Wale gekommen sind, ansonsten werden wir von den Feiertagen nicht viel haben. Bloß die Wache ist auf den Beinen. Ich komme gerade von der Wache.

Es hat die ganze Nacht tüchtig geschneit. Es wird schon um 3:00 Tag – leider dringt die Sonne nicht durch die schwarzen Wolken. Um 14 Uhr war es mit der Ruhe vorbei, denn es wurden 6 Wale gebracht. Im Nu war das Deck wieder ein Fleischklumpen. Die ganze Nacht wurde geschlachtet.

Pottwal (Physeter catodon oder Physeter macrocephalus)

Der Pottwal ist das größte bezahnte Tier der Erde und in allen Ozeanen verbreitet. Seine ca. 20 cm langen kegelförmigen Zähne befinden sich im Unterkiefer; sie passen genau in 40 Löcher im Oberkiefer.

Die Bezeichnung leitet sich aus dem niederdeutschen Wort »Pott« ab und bezieht sich auf die Form des Kopfes, der ein Drittel der Gesamtlänge des Wals ausmacht. Hier befindet sich auch das sogenannte »Spermaceti-Organ« mit dem an Sperma erinnernden Walrat, eine fett- und wachshaltige Flüssigkeit, die zur Herstellung feiner Kerzen sowie Schmierstoffen verwendet wurden und den Pottwal für die Walfänger damit besonders attraktiv machte.

Die männlichen Tiere erreichen eine Länge von 20 m und ein Gewicht von über 50.000 kg, Weibchen hingegen nur 12 m sowie 15.000 kg. Die Lebenserwartung beträgt ca. 70 Jahre.

Er ernährt sich überwiegend von Tintenfischen, doch auch Rochen, die mehr als 10m langen Riesenkalmaren und Krebse gehören zu seiner Nahrung. Pottwale gebären alle vier bis sechs Jahre nach einer Tragzeit von 12 bis 16 Monaten ein Junges, das dann drei Jahre gesäugt wird.

Beachtenswert ist seine Fähigkeit, sehr tief zu tauchen und 2 Stunden unter Wasser bleiben zu können. 1.000 m sind kein Problem, manchmal geht er aber auch bis zu 3.000 m in die Tiefe. Dieses ist durch das oben genannte »Spermaceti-Organ« möglich:

Der Wal kühlt den Walrat, der bei einer Temperatur von 42° C schmilzt, vor dem Tauchgang mit Meerwasser ab, das Wachs wird fest und nun kann der Wal schneller in die Tiefe gehen. Zum Auftauchen wird das Wachs über die Blutgefäße erhitzt und wieder flüssig.

Die englische Bezeichnung des Pottwals »Sperm-whale« leitet sich von dem Aussehen und der Konsistenz des Walrates ab.

Vor allem die Männchen sind für lange Wanderungen bis an die Randmeere und in die Polargebiete bekannt. Die Weibchen verbringen mit ihren Kälbern den Großteil ihres Lebens in tropischen und subtropischen Gewässern und meiden Oberflächentemperaturen von weniger als 15° C.

Im Eis

21. November

Die Fangboote sind alle außer Sicht und suchen Wale. Wir fahren mit langsamer Fahrt weiter. Das Wetter ist gut, das Wasser ruhig. Wir haben 2–3 Grad Frost. Nachmittags brachten die Fangboote 8 Wale, natürlich alles Pottwale. Blauwale dürfen erst ab 8 Dezember geschossen werden.

Blauwale sind bedeutend wertvoller. Ein Blauwal ergibt 100–150 Fass Öl, während ein Pott- oder ein Sperm-wal[11] – 50–70 Fass Öl bringt. Spermöl ist nicht für den menschlichen Genuss geeignet, das Öl der Blauwale dagegen schon. Das Deck sieht aus wie eine Blutbank. Das Blut fließt an Deck, als wenn Reinschiff damit gemacht wird. Mit Schneeschippern wird es wieder von Deck geschoben, wenn alle Wale verarbeitet wurden.

22. November

Nachts wurden 2 Wale gebracht. Das Wetter war schön, und die Nacht verlief schnell.

Der Pottwal ist der einzige Wal, der Zähne hat. Viele besorgten sich deshalb Zähne. Ich habe mir auch schon 2 Zähne genommen.

11 Aus dem englischen »sperm-whale«.

Pottwal

Zähne eines Pottwals

Eisberge treiben in großen Mengen an uns vorbei. Die meisten sind viereckig und einige sehen aus wie ein Zauberschloss im Märchenlande.

Von Natur aus sind alle Eisberge viereckig. Aber das Wasser nagt von unten so lange daran, bis der obere Teil zu schwer wird. Dann kentert der Eisberg und das schöne Naturwunder kommt ans Tageslicht.

Die RAU 1 brachte am Abend noch einen Blauwal. Auch wenn Blauwale noch nicht gejagt werden dürfen, gibt es folgende Ausnahme: wenn das Fangboot an die Längsseite muss, dann darf es einen Blauwal als Fender schießen. Die RAU 1 musste bunkern, das war der Grund.

23. November

Das Wetter ist sehr unbeständig. Nachts hatten wir mächtiges Schneetreiben und vier Grad Kälte. Es war sehr ungemütlich auf der Brücke. Die Nächte vergehen sehr schnell. Abends war das Wetter wieder besser. Es wurden noch vier Wale gebracht.

24. November

In dieser Nacht sollte ich zum ersten Male erfahren, was Brückenwache wirklich heißt, denn es wurden noch vier Wale dazu gebracht. Mit 3 Männern mussten wir die ganzen Fangboote abfertigen. Das ist nämlich unser Amt, da die anderen keine Zeit haben. Wir müssen alle Fangboote jetzt mit Öl, Harpunen, Proviant, und was noch alles dazu gehört, ausrüsten. Wir mussten uns tüchtig rühren, es hat aber alles tadellos geklappt.

25. November

8 Wale wurden in der Nacht gebracht. Wir mussten die Fangboote wieder mit neuen Harpunen ausrüsten. Das Wetter war herrlich. Die Sonne schien schon ganz früh und das Meer war ruhig. 10 Wale wurden wieder verarbeitet.

Es ist bis jetzt ein guter Fang, denn die Spermwale sitzen nicht so dick.

26. November

Es ist schönes Wetter. Die ganze Nacht wurden Wale verarbeitet. Es herrscht reges Leben und Treiben an Bord. Wir haben uns schon so an die Nachschicht gewöhnt, dass wir uns abends mit »guten Morgen« begrüßen. Ich habe Rückenschmerzen. Ich gehe damit zum Schiffsarzt und bekomme Bestrahlung. Abends wurden noch vier Wale verarbeitet. Dann war Ruhe im Schiff, bis auf unsere Wache. Die geht natürlich immer durch, sind aber auch immer Überstunden.

27. November

Die Nacht war sehr schön und die See ganz ruhig. Es war bloß 1 Grad Kälte.

Der 3. Offizier zeigte mir das Echoloten, eine sehr komplizierte Sache. Wir maßen nicht weniger 4.500 m! Das wäre ja mit einem anderen Lot gar nicht zu messen gewesen.

Wir sehen jeden Tag nichts weiter als Eisberge, Treibeis und Wasser. Also eine öde Gegend. Pinguine schreien durch die Nacht und ab und zu schneit es. Das ist die Romantik des Eismeeres.

Am Abend hatten wir bei unserem Schiff viele Blauwale, die wir leider noch nicht schießen dürfen. Heute wurde kein Wal gefangen.

28. November

Nachts war es wieder sehr ungemütlich. Der Wind war wieder aufgebrist und Schnee fiel alle Augenblicke. Als es Tag wurde, bekamen wir einen Norweger-Walkocher in Sicht, der ebenso groß ist wie wir. Es ist die KOSMOS II.

Der Arzt wollte mir für meinen Rücken Spritzen geben, die ich natürlich ablehnte.

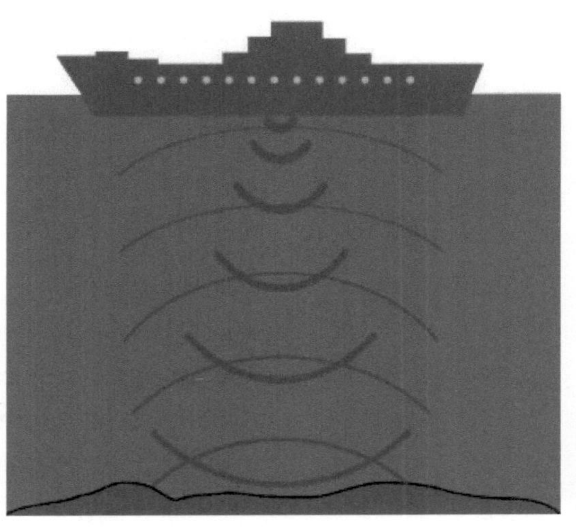

CC BY-SA 3.0

Das **Echolot** ist ein in der Schifffahrt verwendetes Gerät zur elektroakustischen Messung von Wassertiefen (Lotung). Gemessen wird die Zeit, die zwischen der Aussendung eines Schallimpulses (Wasserschall) und der Ankunft der vom Gewässerboden reflektierten Schallwellen verstreicht.

Das Walfang-Mutterschiff KOSMOS war das erste Schiff, das als Walfangfabrikschiff konstruiert wurde. Zuvor waren alle derartigen Schiffe aus dem Umbau vorhandener älterer Schiffe entstanden. Bei Fertigstellung war sie nicht nur das größte Walfangschiff, sondern auch das größte Schiff der norwegischen Handelsflotte und der größte Tanker weltweit. Für das neue Schiff wurden zeitgleich auch sieben neue Fangboote erbaut. Ihr 1932 fertiggestelltes Schwesterschiff KOSMOS II war geringfügig kleiner (16.966 BRT). Gleichzeitig erbaute die Werft Smith´s Dock in Middlesbrough unter den Baunummern 861 bis 867 sieben Walfangboote für die KOSMOS mit den Namen KOS I bis KOS VII von 248 BRT.

Schlecht – Wetter – Phasen

29. November

Heute Nacht fiel der Schnee unaufhörlich, so dass unser Schiff aussieht wie ein Eisberg. Wir trieben heute Nacht. Die Fangboote konnten auch nicht schießen. Wale haben wir noch nicht wieder gehabt. Meine Wollkleidung ist mein bester Freund geworden. Mit Wollmantel und Kapuze gehe ich auf der Brücke spazieren. Die lassen keine Kälte durch. Abends wurden noch zwei Blauwale gebracht.

30. November

Heute Nacht war es sehr stürmisch. Das Schiff rührte sich kaum. Ein paar Wale wurden heute Nacht verarbeitet.

Musik ist jetzt ein weiter Begriff geworden, wir haben keine Zeit mehr für solch gemütliche Stunden. Alle, die nachts gearbeitet haben, gehen morgens gleich ins Bett und schlafen bis Abends.

Zum Arzt bin ich nicht wieder gewesen.

Am Abend brachte RAU 8 einen Zwergwal. Der ist nicht größer als 6–7 m und hat ganz vorzügliches Fleisch. Er wurde hauptsächlich für die Wissenschaftler geschossen.

1. Dezember

Heute Nacht war es wieder ziemlich windig und kalt. Ein Blauwal wurde wieder gebracht. Er diente für die Nacht als Fender. Wir haben alle Fangboote ausgerüstet. Am Abend war herrliches Wetter, aber Wale sind leider nicht gekommen. Die Matrosen haben aus Langeweile Möwen und Kaptauben[12] geangelt, dann beringt und wieder fliegen lassen. So versuchen wir, nutzlose Zeit zu überbrücken.

CC-BY-SA 4.0

12 Das Kaptäubchen (Oena capensis), auch Maskentäubchen genannt, ist ein afrikanischer Taubenvogel. Die Art ist der einzige Vertreter der Gattung der Kaptauben. Charakteristisch für die Art ist der sehr lange und spitz zulaufende Schwanz.

Zwergwal (Balaenoptera acutorostrata)

Der Zwergwal gehört zu den Furchenwalen und ist der am meisten verbreitete Bartenwal. Mit seiner Länge von 7–10 m (Weibchen sind etwas länger als die Männchen) und einem durchschnittlichen Gewicht von 6–8t gehört er zu den kleinen Walen. Sein Körper ist gedrungen und hat eine dicke Fettgewebeschicht, den sogenannten »Blubber«. Der Kopf läuft spitz zu und hat eine relativ kleine Schnauze. Im Oberkiefer befinden sich ca. 300 asymmetrisch angeordnete Barten. Der Rücken ist dunkel, die Bauchseite hell gefärbt. Die Art wird in eine nördliche und südliche Population unterschieden.

Zwergwale sind in allen großen Weltmeeren verbreitet, besonders häufig kommen sie im Nordatlantik und Nordpazifik vor. Sie entfernen sich dabei selten weiter als 170 km vom Land. Außerdem ist der Zwergwal dafür bekannt, dass er sich weiter in die polaren Eisfelder begibt als andere Furchenwale.

Die Ernährung besteht vorwiegend aus Krill und kleinen Schwarmfischen. Wie andere Bartenwale schwimmen sie mit geöffnetem Maul durch die Fischschwärme und nehmen dabei riesige Mengen an Wasser auf, das dann wieder durch die Barten gepresst wird.

Nach einer Tragzeit von 10–11 Monaten gebären Zwergwale alle zwei Jahre jeweils ein Kalb nahe an der Oberfläche in warmen, flachen Gewässern. 10 Sekunden nach der Geburt schwimmt das Junge mit Unterstützung der Mutter instinktiv an die Oberfläche, um zu atmen, innerhalb weiterer 30 Minuten schwimmt es selbstständig.

Zwergwale sind schnelle Schwimmer, können wie Delfine vollständig aus dem Wasser springen und sind im Unterschied zu anderen Furchenwalen neugierig und nähern sich Schiffen. Daher sind sie leicht zu fangen, wurden aber weitgehend von den großen Walfangschiffen verschont, weil sie kommerziell nicht wertvoll waren. Derzeit gilt ihre Art als nicht gefährdet.

Kaptauben, die sich an den Gedärmen erfreuen

Fangboot mit Walen

2. Dezember

Die Nacht war sehr schön. So gegen 2:00–3:00 Uhr wurde es schon hell. Es war eine Lust, auf der Brücke zu sein.

Mit dem Fernglas habe ich viele Robben und Pinguine gesichtet. Um halb 3 sind wir dann weiter gefahren, da RAU 7, die in Süd-Georgien die Fahrt beendete, unterwegs Pottwale gesichtet hat. Sie ist noch 30 Stunden von uns entfernt. Vielleicht können wir da welche fangen.

Der Sturm war heute ein großes Problem, wir mussten jede Eisscholle freisteuern. Am Nachmittag wurden 4 Wale gebracht.

3. Dezember

Heute Nacht war es wieder kalt und allerhand frische Brise. Wir fahren noch den Kurs auf RAU 7 und werden

sie bald erreicht haben. Heute Morgen musste ich noch eine Nähstunde einlegen.

Nachmittags wurden wieder 4 Wale gebracht. Das Wetter wurde zum Glück wieder gut.

4. Dezember

Es war eine schöne Nacht. Die Sonne schien schon um 3 Uhr. 7 Wale wurden in der Nacht gebracht. Ein Wal nach dem anderen wurde aus dem Wasser gezogen. Es machte ordentlich Spaß, bei einem solchen Wetter zu arbeiten. Die Pottwale haben so viel flüssiges Fett im Kopfe, dass es in Strömen übers Deck läuft. Dort wird der Kopf auseinander gesägt und prompt ist der ganze Arbeitsplatz mit einer 5 Zentimeter dicken Talgschicht überzogen. Über solche Sachen muss man natürlich staunen.

Am Abend wurden noch einige Wale gebracht.

»Flaggwale«

5. Dezember

Es war wieder Nacht, als die RAU 8 sieben Wale brachte, die sie in kurzer Zeit geschossen hatte. Sie musste noch 2 Wale im Dunkeln erneut suchen, die sie mit einer Fahne hatte treiben lassen.

Bis um 3 Uhr hatten wir schönes Wetter. Dann mit einem Male, wie aus den Wolken gefallen, bekamen wir einen mächtigen Schneesturm. Wenn das Wetter gut geblieben wäre, hätten wir sicher noch viele Wale bekommen. Wir sind gerade im richtigen Fanggebiet.

Bei schlechtem Wetter kann man den Walspaut[13] schlecht sehen, weil das Wasser weiße Köpfe hat, und der Walspaut

13 Spaut=Speichel.

Blauwal (Balaenoptera musculus)

Der Blauwal ist das größte (nicht längste) bekannte Lebewesen, das auf der Erde je gelebt hat. Er wird bis zu 35 m lang und bis zu 200 t schwer. Weibchen sind in der Regel etwas größer als die männlichen Tiere. Das Herz hat die Größe eines Kleinwagens und wiegt ca. 600 kg, das Blutvolumen beträgt 7.000–7.500 l

Der Blauwal nimmt täglich mehrere Tonnen Nahrung zu sich, vorwiegend Krill. Er kann bis zu 20 min. unter Wasser bleiben und dabei bis zu 150 m tief tauchen. Normalerweise taucht er allerdings alle 2–3 min wieder auf. Beim Atmen stößt er bis zu 9 m riesige Wasserfontänen hoch.

In der Regel leben diese Wale als Einzelgänger, Mütter und Kälber in kleinen Gemeinschaften (ohne soziales Gefüge). Die Tragzeit beträgt 11 Monate, ein Junges wird mit einem Gewicht von mehr als 2t geboren.

Blauwale verständigen sich untereinander durch sehr laute Rufe, mit ca. 180 Dezibel lauter als ein Düsenflugzeug, die in dem für den Menschen nicht hörbaren Infraschallbereich (16–20 Hz) liegen.

Das maximal erreichbare Alter der Blauwale ist schwer zu bestimmen, die Wissenschaft geht von einem gesicherten Alter von 100 Jahren aus, angenommen wird eine Lebenserwartung von über 200 Jahren.

Blauwale sind bekannt für ihre großen jahreszeitlich bedingten Wanderungen. Durch die erhebliche Jagd von Beginn bis Mitte des 20. Jahrhunderts verringerten sich die Bestände drastisch. Erst das 1967 von der Internationalen Walfangkommission IWC erlassene Jagdverbot auf Blauwale brachte effektiven Schutz. Während sich deren Bestände in der nördlichen Hemisphäre von der Ausbeutung teilweise erholt haben, zeichnet sich für die Populationen auf der Südhalbkugel kein Aufwärtstrend ab.

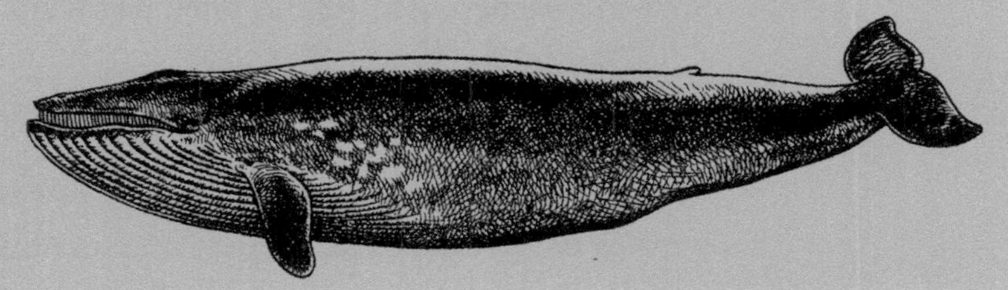

Schiffsarbeiten

auch. Bis zum Abend blieb das Wetter noch so schlecht und es wurden keine Wale weiter gebracht.

6. Dezember

Heute Nacht trieben wir bei heftigem Sturme im Eise, um uns mit halber Kraft gegen den Wind zu halten. Während meiner nächtlichen Wache sah ich, wie ein Eisberg kenterte. Es war eine Wasserwolke die hoch aufspritze. Es machte mir Spaß zuzusehen. Am Abend blieb das Wetter noch genauso.

7. Dezember

Heute Morgen gegen 3 Uhr flaute es etwas ab. Hoffentlich wird es bald wieder still. Sonst ist es aus mit unserem Stichtag, denn um 0 Uhr beginnt die Saison: endlich dürfen wir dann Blauwale fangen! Aber bei diesem Wetter wird es nicht möglich sein, auch nur einen Wal an Deck zu kriegen.

8. Dezember

Das Wetter ist wieder gut und die See ruhig. 3 Blauwale wurden heute schon gebracht.

Hoffentlich hält sich das Wetter, dann werden wir unseren Teil schon bekommen.

Heute Abend wurden dann noch 17 Wale gebracht. Schon ein guter Anfang. Das Wetter war gut.

Um 23 Uhr bekamen wir eine Wolkenbildung, die so aussah, wie wenn wir bei Blankenese vor Anker liegen. Es wurde von allen bewundert, und es dachten auch wohl alle, wäre es man erst soweit.

9. Dezember

Es wird bald gar nicht mehr dunkel. Um 23 Uhr wird es dunkel, um 2 Uhr geht die Sonne schon wieder auf. JAN WELLEM[14] ist auch bei uns. Er will uns wohl die Wale abjagen. Am Abend war es schon wieder aus mit dem schönen Wetter. Jetzt haben wir Nebel und Schnee. 7 Wale wurden bloß gebracht.

14 Die JAN WELLEM war das erste Walfang-Fabrikschiff unter deutscher Flagge.

Kollision mit einem Eisberg

10. Dezember

Nachts herrschte dichter Nebel. Es war totenstill. Nur die Pinguine quakten. Wir haben eine Stunde gedampft, mussten es dann aber wieder aufgeben, um nicht gegen den Eisberg zu fahren.

Und ich sollte mich nicht getäuscht haben, von wegen des Eisberges. Um 20 Minuten nach 8 Uhr wurde ich durch mächtiges Rückwärtsarbeiten der Maschine wach. Ich bin schnell aus der Koje. Als ich an Deck kam, sah ich vor mir eine mächtige Wand. Mir war sofort klar, dass wir gegen einen Eisberg gefahren waren. Es war ein mächtiges Ding. Durch den Aufprall hatte sich oben ein Brocken Eis gelöst, und war mit Getöse auf das Vorschiff gefallen.

Rechts:
Kollision mit dem Eisberg

Dadurch ist die Nase von WALTER RAU ein bisschen verbeult. Zu Schaden ist niemand gekommen, und darum war der kleine Zwischenfall auch schnell wieder erledigt. Allerdings fing natürlich nun das große Aufräumen an.

Nachmittags wurde es wieder klar, und die Fangboote schossen noch 9 Wale. Im Ganzen wurden heute noch 21 Wale geschossen.

11. Dezember

Nachts kam ein neuer Schneesturm, der uns allen eine recht unangenehme Nacht bescherte. Wir mussten einige Fangboote ausrüsten und wurden dabei sehr dreckig, denn wir mussten alles über den Arbeitsplatz schleppen, wo alles voll von Fleisch und Speck ist.

Knochensäge

12. Dezember

Um 3 Uhr riss unser größter Blauwal ab. Der Draht, mit dem er festgemacht war, war abgetaucht. Zum Glück war die RAU 1 in der Nähe und konnte ihn wieder auffischen.

Er maß 90 Fuß, also ein Gewicht von 90 Tonnen. 1 Fuß wird mit eine Tonne gerechnet.

Heute wurde kein Wal gebracht. Es blieb den ganzen Tag neblig.

Mein Rücken ist wieder in Ordnung – es geht also auch ohne Spritzen!

13. Dezember

Die Nacht war kalt und es kam kein Wal in Sicht. 2 fremde Kochereien trieben heute bei uns. Wir konnten sie leider nicht erkennen. Wir dampfen jetzt mit voller Kraft zu

unseren Fangbooten. Sie sind nämlich noch 50 Meilen vor uns. Die Fangboote schossen noch 23 Wale, Spermwale und Finnwale.

Fisch für Mehl

14. Dezember

Die ganze Nacht hat es wieder tüchtig geschneit. Wir hatten viel Arbeit mit den Fangbooten. Heute Morgen hatten wir viele Spermwale am Heck, das ist eine kleine Walart, 6–7 m lang. Sie greifen in Rudeln die großen Wale an. Den toten Walen reißen sie die Zunge raus deswegen kommen sie an unser Schiff heran.

Heute Abend war noch Nebel, so dass kein Wal geschossen werden konnte.

Finnwal (Balaenoptera physalus)

Der Finnwal gehört zu den Furchenwalen und ist mit dem Blauwal eng verwandt. Mit einer Länge von 20–27 m und einem Gewicht von bis zu 70 t ist er das zweitgrößte Tier der Welt. Weibchen werden etwas größer als die Männchen und sind gleich schwer.

Sein Rücken ist dunkelgrau bis braun gefärbt, der Bauch ist hell. Auffällig ist die Asymmetrie der Färbung im vorderen Teil: der Unterkiefer ist rechts weiß und links dunkel. Der Mundinnenraum und die Zunge sind umgekehrt gefärbt. Oft befinden sich helle winkelförmige Zeichnungen hinter dem Kopf.

Die Hauptnahrung des Finnwals besteht nahezu ausschließlich aus Krill und kleinen Schwarmfischen. Beides wird durch die Barten, die bis zu 75 cm lang und 30 cm breit sein können, gesiebt. Der Schwarm wird mit einer hohen Geschwindigkeit umkreist – der Finnwal schwimmt bis zu 45 km/h – und somit verdichtet. In Seitenlage verschlingt das Tier die Fische, nimmt dabei 60–80t Wasser auf und verdoppelt damit kurzfristig sein Körpervolumen. Möglich ist dieses durch mehrere dutzend Furchen.

Der Finnwal taucht bis zu 200 m tief und kann dort 15 Minuten bleiben.

Finnwale kommen in allen Ozeanen vor, Küstenregionen werden gemieden. Sie verbringen das Frühjahr und den Sommer in den hohen Breitengraden und ziehen im Herbst zur Paarung und Geburt in die südlichen gemäßigten Gewässer. Die genauen Wanderrouten sind nach wie vor nicht bekannt.

Die Weibchen werden im Alter von 6–8 Jahren geschlechtsreif und gebären dann alle 3–4 Jahre nach einer Tragzeit von 12 Monaten ein Junges. Das Junge ist bei der Geburt bereits 6 m lang und wiegt 2–3 t.

Wie die Blauwale kommunizieren die Finnwale in sehr tiefen Frequenzen untereinander.

15. Dezember

Der dicke Nebel hielt sich die ganze Nacht. Kein Wal kam in Sicht. Tagsüber schneite es dann fürchterlich. Trotzdem wurden noch 5 Wale gebracht.

16. Dezember

Das Wetter wurde am Morgen wieder besser, so dass wir heute mit mehr Wale rechnen konnten: es wurden 18 Wale geschossen.

17. Dezember

Dieses Buch erinnert mich daran, dass ich heute 31 Jahre bin. Sonst wüsste ich gar nicht, dass der 17.12. ist.

Es schneite schon wieder tüchtig. 7 Wale wurden heute noch gebracht.

Oben: Schwanzstück
Unten links: Schulter, unten rechts: Schwanzflosse

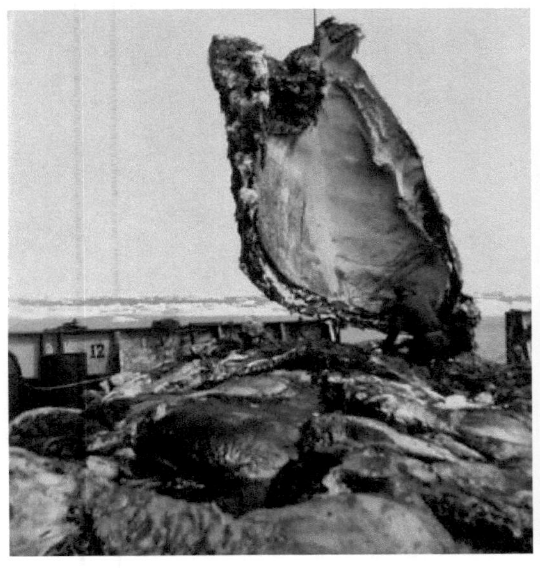

Maschinen und Fabrikanlage

Fangboot

18. Dezember

Wir dampfen ab heute Morgen volle Kraft zu einem Fangboot RAU 8, wo der Fangleiter sich befindet. Es sind ungefähr 20 Stunden von hier. Unterwegs wurden noch 7 Wale geschossen. Das Wetter ist gut.

Ich las heute in den Nachrichten, dass in Deutschland 12–13 Grad Kälte ist. Also kälter als bei uns.

19. Dezember

Wir sind heute auf unserem neuen Fangplatz angelangt. 3 Wale wurden schon gebracht. Hoffentlich werden es hier mehr, sonst werden wir bald missmutig. Es wird nämlich schon allerhand zusammen gesponnen. Schließlich werden wir nach der Fangmenge bezahlt.

Es sind tatsächlich viele Wale gekommen. 20 Stück, alles schöne große.

Viel Arbeit

20. Dezember

Ich musste heute Nacht Fleisch ziehen, weil einer krank wurde. Es war eine anstrengende Arbeit. Der Kranke hat jetzt meinen Posten. Wie lange, weiß ich nicht. Es wurden noch keine Wale gebracht.

21. Dezember

An Deck müssen wir tüchtig arbeiten. Da weht natürlich ein anderer Wind wie auf der Brücke. Heute wurde kein Wal mehr geschossen, so dass die Tagesschicht den Rest weggearbeitet hat.

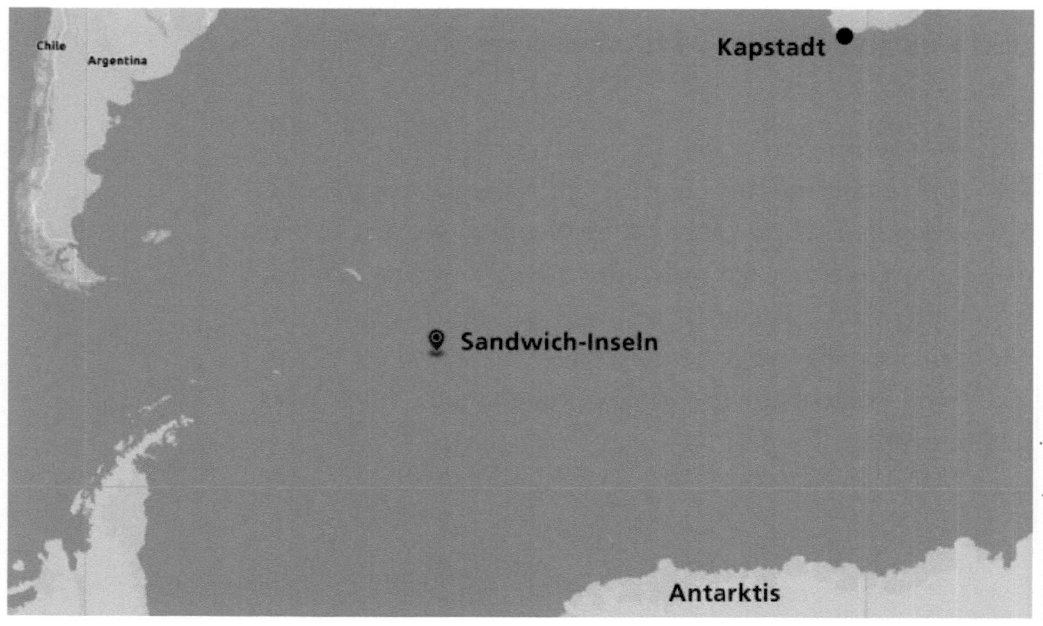

Sandwich-Inseln

www.openrouteservice.org

Unbewohnte Insel

22. Dezember
Heute Nacht wurde ein Wal gebracht. Der war natürlich schnell erledigt, und wir machten im Kabelgatt Schiffsarbeit. Morgens fuhren wir dicht an den Sandwich-Inseln vorbei. Es ist eine unbewohnte Inselgruppe mit einigen schneebedeckten Bergen.

Heute Abend kam ich wieder auf die Brücke!

23. Dezember
Es schneite die ganze Nacht wieder tüchtig. Morgens fuhren wir wieder an einer Insel vorbei. Sie heißt Tuli.

Es ist eine hohe Felseninsel. Es sieht hübsch aus, hier in der Eismeerwüste so einer zu begegnen.

6 Wale wurden bloß geschossen. Deshalb suchten wir uns wieder einen anderen Platz.

Weihnachten

24. Dezember

Wir fuhren die ganze Nacht durch ein großes Eisfeld. Es ist eine Kunst, durch all die kleinen Eisberge zu steuern und interessant, dieses Naturwunder zu sehen.

Heute Abend bekam ich beim Abendbrot um 6:00 Uhr, nach Deutschland Zeit 9:00 Uhr, ein Telegramm von zu Hause.

Ich habe mich sehr dazu gefreut. Genau um die Zeit, wo zu Hause Bescherung ist! Ich konnte an der Weihnachtsfeier an Bord nicht groß teilnehmen, weil ich Wache hatte. Ich war eine halbe Stunde unten, habe einen Grog getrunken und meinen Kuchenteller in Empfang genommen. Als Geschenk gab es 20 Mark, die nach Hause überwiesen wurden. Die Ledigen bekamen einen Gutschein für die »Slapkiste«.

Auf dem Teller lagen 20 Zigaretten, Apfelsinen, Nüsse usw. Es gab dann auch bald angeheiterte Leute und das Singen ging los. Alles war in bester Stimmung, wie zu Hause. Von 6:00 – 1:00 Uhr dauerte die Feier, dann ging das Arbeiten wieder los. Das Beste war für mich das Telegramm, und ich freute mich, dass zu Hause alles gesund war.

25. Dezember

Viele haben heute einen schweren Kopf und ich musste beim Wecken, was auch mein Amt ist, etwas lauter rufen. Aber trotzdem kamen nicht alle zum Kaffee. Heute Abend war jede Spur von Weihnachten vorbei. Es wurden 31 Wale geschossen, bisher der beste Tag.

Das Wetter ist diese Tage sehr schön. 1 Grad Kälte und schöner Sonnenschein.

Pottwalkopf

26. Dezember

Heute Nacht wurden wieder kräftig Wale geschlachtet. Eine englische Kocherei trieb sich bei uns rum. 15 Wale wurden heute geschossen.

27. Dezember

Heute Nacht wurde es wieder kälter. Und der Schnee blieb auch nicht aus. Am Abend brachten die Fangboote 11 Wale und wir rüsteten die Boote wieder mit Harpunen aus.

28. Dezember

In dieser Wache war es sehr neblig. Hoffentlich klärt es sich auf. Sonst geht uns der schöne Tag verloren, denn wir müssen uns ranhalten, wenn wir 100.000 Fass[15] haben wollen. Die müssen wir haben, sonst ist der Verdienst man mau. 11 Wale wurden geschossen.

---

15 1 Barrel (engl. für Fass) entspricht 158,99 l Öl.

Gefangener Wal an der Leine

29. Dezember.

Heute ist mein Henry 10 Jahre alt! Ein Telegramm ist ziemlich teuer. Es kostet bald die halbe Heuer. Darum denke ich lieber an ihn und werde ihm zu Hause etwas schenken.

Es ist immer noch Nebel. Heute Nacht hatten wir nichts zu arbeiten. Ich machte heute große Wäsche. Auch am Abend war noch dichter Nebel.

Harpunen

30. Dezember

Nachts fing es an zu regnen. Es ist das erste Mal, dass es hier regnet. Es wurden 9 Wale gebracht. Am Abend war immer noch Nebel, der Fang ist ziemlich bemessen.

31. Dezember

Das alte Jahr ist nun vorbei. Prosit Neujahr!

9 Wale wurden gebracht.

1. Januar 1939.

Vom neuen Jahr war bei uns nichts zu merken. Der Kapitän ließ sich nicht einmal sehen. Es gab auch keinen Schnaps zum

Zerlegen eines Wales: unten rechts Herz und der Magen

Blut strömt aus dem Wal

neuen Jahr. Die Stimmung um 12 Uhr war miserabel, passend zum Wetter, denn die Nacht war neblig.

Es wurde ein ruhiger Tag. Die Tagesschicht brauchte nicht zu arbeiten. Aber am Abend wurden 10 Wale gebracht, und somit wurde die ganze Nacht gearbeitet.

2. Januar

Heute Morgen klärte es sich auf. Hoffentlich wird heute mehr geschossen.

Es wurden 20 Wale! Das Wetter ist tadellos, warm und windstill. 1 Grad Wärme hatten wir, und Henry Martens hielt es für nötig, schon einen Strohhut zu tragen. Auch Eis haben wir lange nicht mehr gesehen. Ein Fangboot meldet, dass es einen großen Blauwal im Nebel verloren hat, schade!

Auf und Ab im Walfang

3. Januar

Heute Nacht war auch noch so schönes Wetter, wir rüsteten die Fangboote aus. Am Tage war es dann wieder sehr stürmisch und es wurden bloß 7 Wale gebracht. Der Sturm wurde so stark, dass wir langsam gegen die See andampften, um nicht ins Rollen zu kommen.

4. Januar

Heute flaute der Wind ab. Um 6 Uhr war es wieder neblig.

Transport zum Kocher

5. Januar
Der Nebel ist ziemlich dicht. Trotzdem wurden 6 Wale gebracht.

6. Januar
Wir fuhren weiter, um einen anderen Fangplatz zu suchen. Wir sind hier wieder im Eis und haben 2 Grad Kälte.

10 Wale wurden gebracht.

Die Launen steigen wieder

7. Januar

Über Nacht wurden die Wale verarbeitet. Die Tagesschicht bekam keinen mehr zu sehen. Als ich um 6 Uhr auf Wache kam, wurden gleich 17 Wale gebracht. Ein ganz netter Fang, hoffentlich bleibt es so, denn wir müssen uns ranhalten, wenn wir was verdienen wollen. Wir haben jetzt 35.000 Fass gefüllt.

8. Januar

Heute wurden 16 Wale gebracht, alle sind zufrieden. Die Stimmung an Bord steigt wieder. Auch wenn die Arbeit hart ist! Wale müssen sein, denn dazu sind wir ja auf Walfang.

Warten auf die Verarbeitung

9. Januar

Heute war es eine wunderbare Nacht. Ich sah zum ersten Male einen Schneebogen. Zu Hause sagt man Regenbogen. Es sah fabelhaft aus. Ich konnte es ja gut von der Brücke beobachten. Die Leute an Deck wurden es gar nicht gewahr. Mit 39 gebrachten Walen war es heute ein Rekordtag. Das ergab 1.550 Fass, soviel hatte die Fabrik noch nie in 12 Stunden geschafft. 25 Wale hängen noch am Heck, das ist befriedigend anzusehen.

10. Januar

Es wurden weiter tüchtig Wale verarbeitet. Fahren können wir nicht, sonst würden alle Wale am Heck abreißen. Das Wetter ist prima, ganz glatte See und Windstille. Es wurden heute wieder 31 Wale gebracht. Wir sind nicht mehr im

Wale an Deck

Stande, die Wale frisch zu verarbeiten, sind aber sehr zufrieden! Am Heck liegen schon einige Wale aufgedunsen und gleichen einem Zeppelin. Sie stinken furchtbar.

Die See gleicht einem Spiegel. Die Fangboote spiegeln sich im Wasser.

11. Januar

Heute Nacht habe ich die Brücke gar nicht betreten. Wir hatten die ganze Nacht tüchtig mit den Fangbooten zu tun. Die verbrauchen jetzt so viel Material. Heute Nacht wurden wieder 1.600 Fass erzeugt, das sind ungefähr 250 Tonnen. 32 Wale wurden geschossen.

12. Januar

Heute Nacht war es schon so weit, dass einige Wale nur abgespeckt wurden und dann außer Bord gehievt wurden. Wir hatten wieder tüchtig zu tun mit den Fangbooten. 20 Wale wurden gebracht. Ich musste heute mit auf dem Plan arbeiten, weil viele Leute krank geworden sind.

13. Januar

Heute ist Schichtwechsel. Ich komme vorläufig dafür nicht in Frage. Es lässt sich schlecht einteilen, wegen der vielen Kranken. Es sind alles Unfallkranke. Die größte Vorsicht ist noch nicht vorsichtig genug. So gefährlich ist es hier, im Fanggebiet zu arbeiten. 26 Wale wurden heute gebracht.

14. Januar

Die Arbeit ging lustig weiter. Wir haben jetzt 50.000 Fass. Hoffentlich bleibt es noch bei dem guten Fang, dann wird die Reise noch gut. Im vorigen Jahr hatte dieses Schiff noch einige tausend Fass weniger. Es wurden heute wieder 35 Wale gebracht. 33 Finn- und 2 Blauwale. Die Zeit der Blauwale ist forschungsmäßig vorbei. Er zieht jetzt dorthin, wo er bessere Nahrung findet und kommt erst Mitte Februar wieder.

Zum ersten Mal hatten wir eine trächtige Walkuh – es war schon interessant, den Embryo zu sehen. Die Männer haben es sehr vorsichtig herausgeholt. Wie schade aber auch, dass es gar nicht erst leben durfte!

15. Januar

Wir hatten in der Nacht wieder viel mit den Fangbooten zu tun. Man sieht morgens aus, als wenn man durch ein Schmierölfass gezogen worden ist. Es wird jetzt auch schon

Wal-Embryo

mal von unserem Tanker gesprochen. Er kann am 20.01. hier sein und soll Ölfässer aufladen. Wir alle erwarten ihn sehnsüchtig.

Es wurden wieder 35 Wale geschossen.

16. Januar

Das Wetter ist immer noch gut. Windstille und 1 Grad plus. Sobald ich morgens von gutem Wetter schreibe, ist es abends schlecht, so auch heute …

Es ist tüchtig aufgebrist, was uns den Walfang sehr erschwert. Es rissen 4 Wale ab, davon konnten 3 wieder aufgefischt werden. 20 Wale wurden noch gebracht.

17. Januar

Alle Fangboote müssen jetzt ran zum Bunkern, denn wir müssen einen Tank frei machen für das Walöl. Der Tanker sollte eigentlich schon hier sein, um seinen Teil abzuholen. Unser Fangsegen war so groß, dass wir 14.000 Fass mehr haben als im Vorjahr um diese Zeit. Wir haben einen solchen Hochbetrieb, dass wir Überstunden machen müssen.

Am Abend war das Wetter wieder gut. Es wurden aber nur 8 Wale gebracht.

18. Januar

RAU 8 meldete, er hätte viele Wale gesichtet. Daraufhin fuhren wir dort hin und sahen auch viele Wale. Das Wetter war wieder gut, also konnten wir heute wohl wieder mit einem dicken Fang rechnen. Es waren 21 Wale. Dabei wurden auch 2 Pottwale geschossen, die als Fender für den Tanker benutzt werden sollen.

19. Januar

Wir fahren heute Morgen wieder zu einem anderen Fangplatz. Wir haben jetzt 60.000 Fass, also schon eine mächtige Schiffsladung.

Ich habe mich heute gewogen: 156 Pfund. Es gehört schon allerlei dazu 5 Pfund zuzunehmen.

Tanker und Pakete

20. Januar

Heute Nacht kam der Tanker in Sicht. Ich hatte die Ehre, ihn zuerst zu sehen, weil ich die ganze Zeit, wo er uns anpeilte, mit dem Fernglas guckte. Es ging eine Welle von Fragen über mich her, wo ist der Tanker, wo bleibt der Tanker?

Alles ist in Aufregung, als wenn der liebe Herrgott kommt.

Um 4 Uhr kam der Tanker dann Längsseite. »Bello« ist sein Name. Alle Mann waren natürlich beim Schlachten. Das Geschäft geht seinen Gang. Wir müssen tüchtig arbeiten, um alles zu erledigen. Bis 1 Uhr hatte ich gearbeitet, um unsere Ausrüstung anzunehmen. Dann endlich bekam ich mein Ersehntes.

Ich war aber auch nicht wenig erstaunt: 10 Briefe und eine Karte. Mein Paket habe ich noch nicht, denn es ist noch nicht ausgepackt. Ich bin schnell achteraus und habe alles gelesen.

Trotzdem die Briefe eine lange Reise hinter sich haben, bin ich doch zufrieden, dass zu Hause alles gesund ist. Es ist jetzt 3 Uhr und um 5 Uhr muss ich schon wieder hoch. Es ist ein richtiges Fest, hier im Eismeer Post zu erhalten.

Am Abend musste ich auf dem Tanker an der Luke stehen. Aber es dauerte nicht lange, der Seegang wurde immer höher und der Tanker musste um 9 Uhr von der Seite und musste warten, bis das Wetter ruhiger wurde. Mein Paket erhielt ich dann beim Abendbrot. Es hat sich alles wunderbar gehalten. Gretes Neujahrskuchen waren wie frisch gebacken.

Bunkern

Viele Kameraden hatten Pech mit ihren Paketen. Es war alles verdorben und verschimmelt.

21. Januar

Die Fangboote mussten heute Nacht die Wale an der Längsseite behalten, und konnten sie nur einzeln abgeben, bis sie an Deck verarbeitet werden konnten. Wegen des starken und hohen Seegangs konnten wir am Heck keine festmachen.

Gestern waren 7 Wale abgerissen. Das Arbeiten ging an Deck sehr langsam voran, weil viele in ihren Paketen Schnaps fanden und davon tranken. Das gehört alles mit dazu, denn die Arbeit ist sehr hart und da muss der Mensch unbedingt eine Abwechslung haben.

Abends hatte der Wind noch zugenommen, so dass wir 150 Meilen fahren mussten, um an die Eisgrenze zu kommen. Wir sind nur noch 2 Mann auf der Brücke, ein Norweger und ich. Somit müssen wir uns Stunde um Stunde ablösen mit Ausguck und Ruder.

22. Januar

Das Wasser wurde schon bedeutend ruhiger, aber der Wind nahm wieder zu. Wir fuhren immer noch volle Kraft voraus und der Tanker hinter uns her. Um 11 Uhr waren wir im Eis. Nicht im dicken Packeis, sondern von einem unendlich großen Eisgürtel eingeschlossen. Wir treiben somit im ruhigen Wasser. Der Tanker liegt jetzt wieder neben uns.

23. Januar

Das Wetter ist so gut, dass die Arbeit auf dem Tanker gut vorwärts geht. 25 Wale wurden gebracht. Der Tanker wird tüchtig ausgerüstet mit Walöl, Fischmehl und Konserven.

Bunkern

24. Januar

Die Fangboote kamen erst heute Nacht mit ihren Walen. Wir konnten ihnen ja nicht folgen, weil der Tanker bei uns ist. Der Tanker versuchte heute Morgen, seine Tanks zu säubern. Durch das Auspumpen des Ölschmutzes wurden unsere ganzen Wale dreckig, und er musste ablegen.

25. Januar

Der Tanker soll heute Morgen um 8 Uhr wieder an der Längsseite liegen. Das Wetter ist wieder gut. Bloß nachts ist es schon kälter. Wir hatten 3 Grad minus. Es wurden wieder 25 Wale gebracht.

26. Januar

Der Tanker liegt wieder bei uns und nimmt seine Ladung über. Er treibt schon ordentlich tief.

Aus dem Eis sind wir schon wieder rausgetrieben. Hoffentlich hält sich das Wetter, sonst muss er noch einmal losschmeißen.

27. Januar

Es wird immer ein bisschen kälter und die Nächte werden dunkler und länger.

Wir müssen unsere Post bis 12 Uhr abgeben. Aber der Tanker fährt erst morgen, er ist noch nicht fertig. Es wird immer noch rüber gehievt.

28. Januar

Nachts wurde es wieder neblig. Das kam wohl davon, dass wir plötzlich 1–2 Grad Wärme haben. Am Tag überkam uns plötzlich ein Sturm, so dass der Tanker schnell losmachen

Knöllwal und Pinguine auf einem Wal

Auf dem Arbeitsplatz

musste. Leider ist er noch nicht fertig und muss noch einmal an Längsseite. Um 7 Uhr rissen dann auch unsere großen Fenderwale los. Bei dem Einen riss der Poller mit aus dem Deck. Die Unkosten, die alleine durch diese Wale, die als Fender für den Tanker benutzt wurden, entstanden, betragen bis jetzt 45.000 R.M.[16]

8 Wale wurden bei dem Wetter noch gebracht. Es machte viele Mühe, sie bei Regen und Schnee an Deck zu kriegen.

29. Januar

Das Wetter ist noch immer dasselbe, wir werden wohl heute keine Wale bekommen, also keine Arbeit. Um 5 Uhr brachte eine See[17] das Schiff so ins Rollen, dass in den Innenräumen alles durcheinander flog. Ich stand im Ruderhaus, auch dort wie auch im Kartenhaus flog alles durcheinander. Ich konnte mein Lachen kaum verbeißen, wie der 4. Offizier unter Mitwirkung allerlei Fremdwörter[18] alles wieder aufsammeln musste.

Bis zum Abend hatten wir 200 Meilen zurückgelegt – wir haben das Eis wieder erreicht.

30. Januar

Über Nacht trieben wir sehr weit im Eis und lagen ganz ruhig. Der Wind hatte immerhin 8–9 Windstärken. Als es Tag wurde, gab es wieder allerhand zu sehen. Vor allen Dingen viele Robben. Der Tierpark Hagenbeck hat sie nicht so schön.

Das Eis war auch eine Pracht anzusehen.

16 Reichsmark.
17 Seemannsdeutsch für »Wellengang«.
18 Gemeint: Schimpfwörter.

Am Tage sind wir wieder aus dem Eis rausgefahren. Wie ich zur Wache kam, fuhren wir wieder im freien Wasser.

Leider hatten wir dann wieder dichten Nebel. Wir müssen jetzt wieder 100 Meilen fahren, um zu den Fangbooten zu gelangen. Um 10 Uhr gaben wir das Fahren auf, und ließen uns treiben.

31. Januar

Um 1 Uhr bekamen wir plötzlich einen sehr großen Eisberg in Sicht. Wir waren sehr nahe bei ihm, konnten uns aber durch volle Rückwärtskraft der Maschinen wieder von ihm befreien. Der Eisberg hatte eine Länge von mindestens 2 km.

Um 4 Uhr fuhren wir mit langsamer Fahrt weiter.

Am Abend erfuhr ich, dass wir mit unserer Wache wechseln sollten und hatte somit bloß bis 12 Uhr Dienst.

1. Februar

Heute Morgen hab ich um 6 Uhr wieder angefangen. Der Tanker kam gleich an die Längsseite, um den Rest der Ladung abzuholen. Er war um 7 Uhr fertig und fuhr um 9 Uhr los.

Heute Abend war ich bei Jan Meklenburg und Henry Martens eingeladen. Es war sehr lustig. Es gab Korn und Bier und Musik zur Unterhaltung.

2. Februar

Das Wetter war bis 11 Uhr herrlich. Dann kam mit einem Mal Sturm und Nebel. Der Wind pfiff in den Masten. Es dauerte bis 4 Uhr, dann war wieder das beste Wetter.

15 Wale wurden geschossen, alles Finnwale.

3. Februar

Wir sind heute 100 Meilen nach Osten gedampft und sind jetzt bei der Insel Lauri. Hier haben unsere Fangboote Blauwale gesichtet. 6 Wale haben sie schon gebracht. Die Blauwale geben das Doppelte an Öl wie die Finnwale. Ich habe mich schon ganz gut an die Tagesschicht gewöhnt. Es ist bestimmt besser als die Nacht. Es wurden 9 Blau- und 3 Finnwale gebracht.

4. Februar

Heute war es sehr stürmisch, und das mit sehr viel Schnee. Es wurden bis jetzt 6 Blauwale gebracht. Wir passierten heute wieder einen Eisberg, der schätzungsweise 50 km lang war. Wie er in Sicht kam, dachten wir, es sei Land. Dann erst merkten wir, dass es ein großer Eisberg ist.

5. Februar

Heute ist das Wetter so schön, als hätte es keinen Sturm und Schnee gegeben Wir fuhren heute im dicken Eis. Dabei klarer Himmel, es war keine Wolke zu sehen und es gab keinen Wind.

Es war herrlich, und dazu war heute Sonntag. Die Fangboote waren alle dicht bei uns. Und somit konnten wir mehrere Male sehen, wie sie Wale schossen. Sie brachten uns am Tage 15 Stück, der Rest kam beim Dunkelwerden. Auch sahen wir viele Pinguine, Robben und Seeleoparden.

Ein Seeleopard sonnte sich auf der Eisscholle. Er wurde von unseren Biologen geschossen. Das Schiff konnte nicht wenden, und somit musste das arme Tier auf dem Eis verenden.

Insgesamt wurden 30 Wale gebracht.

Schwanzklaue in Aktion

Schwanzklaue

Der Countdown läuft ...

6. Februar

Nach einem guten Tage muss man hier in der Antarktis immer büßen. Wir hatten den ganzen Tag dichten Nebel, und wurden dabei in ein dichtes Eisfeld getrieben. Ich musste mächtig am Steuerrad drehen. Als wir uns wieder aus dem Eis pirschten, war ich wirklich froh, als ich um 6 Uhr abgelöst wurde. Am Nachmittag kam RAU 2. Dem war die Kanone kaputt gegangen. Er bekam ein neues Kanonenrohr. Wale sind leider bei diesem Nebel nicht geschossen worden.

Jetzt ist schon an der Zeit, dass die Tage gezählt werden. Man begrüßt sich schon mit »Hein noch 31, noch 30 ...« Es ist kein schlechter Gruß. Einige rechnen schon sogar auf Verdacht ihr Geld aus. Ich glaube, einige haben einen kleinen Stich wegbekommen.

Es wurden doch noch 8 Wale gebracht.

7. Februar

Der Nebel hielt bis um 3 Uhr an. Dann war es auf einmal hell. Um uns herum sahen wir viele Wale. Ich habe so viele noch nicht beisammen gesehen. Die Fangboote waren aber auch gleich am Werk, so dass wir schon um 7 Uhr 13 Tiere angeliefert bekamen.

Heute war ich in der Funkstation, weil ich dort etwas besorgen sollte. Ich hörte zufällig, wie unser Schiff mit RAU 9 gerufen wurde. Wohl aus dem Grunde, die anderen Kochereien zu irritieren.

Zerlegen eines Wales

8. Februar

Über Nacht war es wieder neblig. Erst um 9 Uhr wurde es hell. Wir befanden uns dicht an der Eisgrenze und die Fangboote waren alle bei uns. Ich konnte beobachten, wie RAU 7 und RAU 4 einen Wal schossen. Es kann einem leidtun, wie so ein Tier gequält wird.

Gegen 6:00 wurde das Wetter besser. Die See wurde ganz blank. Es war wunderschön, so das Eismeer zu sehen. Ein Walfänger hat es ja schwer, aber die Schönheiten kann er auch bewundern.

Gefahren sind wir heute nicht, weil die Fangboote alle bei uns waren. 17 Wale wurden heute erlegt.

9. Februar

Heute fuhren wir durch die Eisgrenze, weil der Wal zur anderen Seite gezogen ist. Es dauerte ungefähr 5 Stunden.

Ich musste am Ruder tüchtig aufpassen. Rudelweise sahen wir Robben auf dem Eis liegen und alle waren verschieden farbig. Einige waren weiß, einige schwarz. Heute scheint es ein reicher Tag zu werden. Bis jetzt haben die Fangboote schon 30 Wale gebracht. Auch waren 2 englische Fangboote bei uns, die allerdings nicht gerne gesehen werden.

Das Wetter ist prima.

10. Februar

Wieder einmal war es ein nebliger Tag. 3 Wale wurden gemeldet, 9 Stück wurden gebracht.

11. Februar

Heute Nacht bekamen wir einen mächtigen Sturm. Das Deck lag voller Schnee heute Morgen. Der Sturm hielt an – der Schnee hielt auf. Wir fuhren daher dem Eise zu und kamen nachmittags dort an. Hier waren wieder viele Wale. Um 6:00 Uhr meldeten die Fangboote schon 20 Tiere. Auch die »Südmeer« ist hier in der Gegend, denn hier sind Fangboote von ihr bei uns.

Ein großer Eisberg brach dicht bei uns auseinander. Eine wunderbare Ansicht war das.

12. Februar

Das Wetter ist heute sehr ungemütlich geworden. Wind und Schnee waren an der Tagesordnung. Die Fangboote belieferten uns den ganzen Tag über. 12 Wale, alles Finnwale, leider. Die Kocherei Südmeer war dicht bei uns, auch die englische Kocherei. Also viel zu viel im Umkreis. Somit haben wir auch wohl nicht viel mehr zu hoffen. Die RAU 2 führte uns das Schießen ganz besonders schön vor. Sie schoss den Wal an Steuerbordseite. Der Wal war aber nicht gut getroffen, so dass er mit dem Fangboot losschleppte, und zwar vor unserem Bug rüber ganz dicht am Steven vorbei, so dass wir noch ausweichen mussten.

Dann schwamm der Wal 20 m von unserem Schiff ab, an Backbordseite längs. Der Schütze kam dann zum Schuss. Wir konnten alles großartig sehen. Ungefähr eine viertel Stunde zog der Wal noch. Dann hatten sie ihn erledigt.

13. Februar

Der Sturm hatte heute an Stärke zugenommen. Wir lagen aber schön hinterm Eis, dort war die See ganz ruhig.8 Wale wurden heute gebracht. Wir sinken jetzt mit unserer Ölmenge gegenüber dem Vorjahr langsam zurück. Wir müssen uns noch anstrengen, wenn wir unsere Fasszahl noch erreichen wollen. Heute war bloß die Südmeer noch in Sicht.

14. Februar

50 Meilen sind wir weitergefahren und haben dort allerhand Wale angetroffen. 20 Stück brachten die Fangboote. Ein Wal hatte wohl einen Säugling bei sich, denn es hatte viel Milch. Ich habe die Milch im Laboratorium probiert, sie war sehr fett und schmeckte wie Kuhmilch. Das Wetter ist wieder sehr schön geworden.

15. Februar

Und wieder einmal haben wir dichten Nebel, sind aber trotzdem immer gefahren, weil die Fangboote uns Wale meldeten. Wir haben aber alle Augenblick einen Eisberg vor dem Steven. Es war gefährlich zu fahren. Über Mittag war es eine Stunde klar. Um uns herum viele Eisberge. Die Sonne

Harpunen im Wal

schien auf die Eisberge, die See glatt wie ein Spiegel. Es sah wunderschön aus. RAU 8 kam um 8:00 Uhr mit 13 Walen angeschleppt.

22 Tiere wurden im Ganzen gebracht.

16. Februar

Heute Morgen, wie ich an Deck kam, hatten wir einen mächtigen Schneesturm, der bis zum Mittag anhielt. Dann wurde es flauer und dichter Nebel setzte ein. Ein Wal wurde bis jetzt gebracht. Es sieht ganz traurig aus. Die Leute werden aus Langeweile mit dem Reinigen von Zündern beschäftigt. Die sitzen in den abgeschossenen Harpunen. Wir hatten heute eine Norwegische Kocherei bei uns. Es war ein alter Pott, der allem Anschein nach schon vor der Sintflut existierte. Es ist noch ein Schiff mit einer Aufslipp. Ein Wal wurde noch dazu gebracht. Der diente dann als Fender für die Fangboote.

17. Februar

Zur Abwechslung gab es heute einen anhaltenden Schneesturm mit Windstärke 10 und zeitweise sogar 12. Eine fürchterliche Witterung. Der Schnee ist so stark, dass wir weiter nichts sehen konnten als unser Schiff. Das Schiff holte einmal so über, dass alles im Schiff durcheinander flog. Die Leute mussten natürlich antreten, um alles wieder an Ort und Stelle zu befördern.

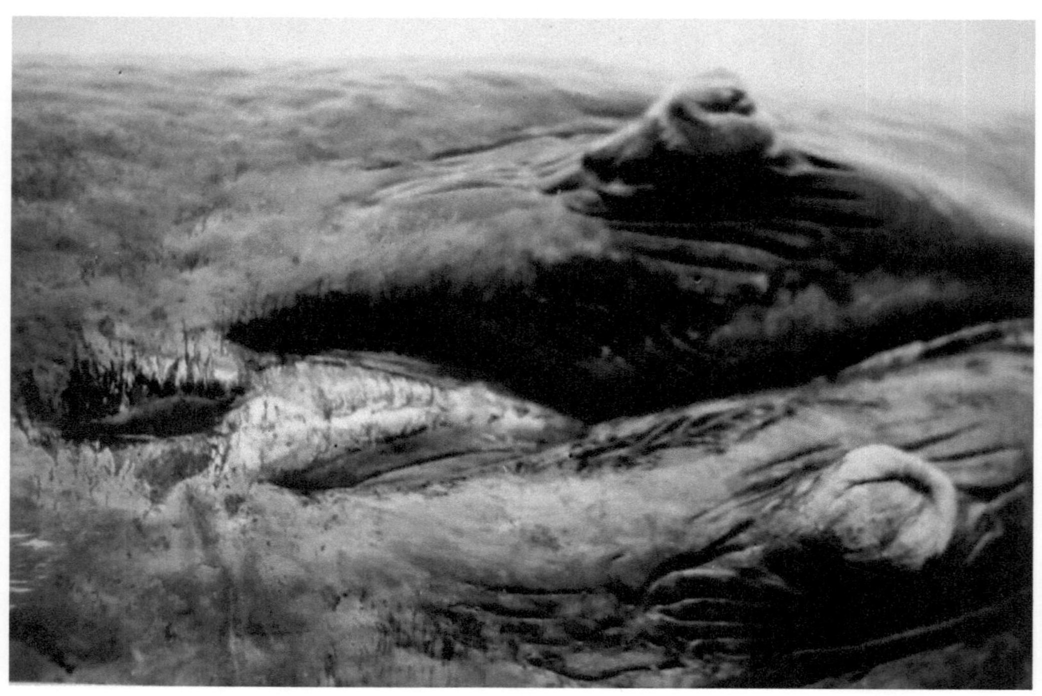

Weibliches Geschlechtsorgan

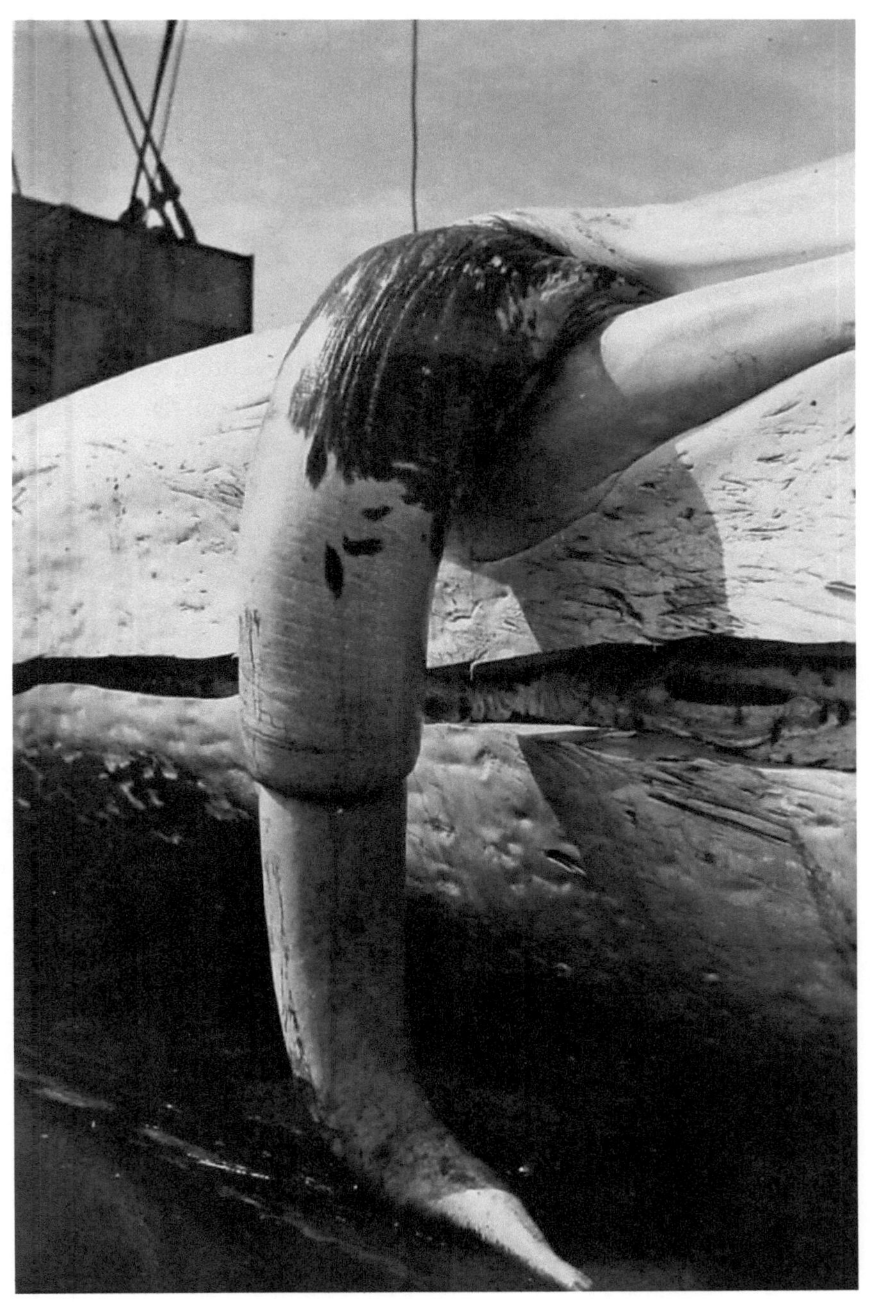

Männliches Geschlechtsorgan

Übersicht über Fangerfolge

18. Februar

Der Sturm ist noch ebenso stark. Wir konnten nur mit halber Kraft gegen die See dampfen und machten nur 1 Meile, wo wir sonst 8 Meilen bei halber Kraft laufen. Der Schnee hielt auf, aber wir konnten wenigstens wieder klar sehen. Nachmittags flaute der Wind ab. Südmeer kam auch in Sicht. Am Abend hatten wir erneut eine Eisgrenze erreicht und ließen uns wieder treiben. Ich war froh, dass ich das Ruder loslassen konnte, denn mir war richtig warm geworden von der Dreherei.

Das Ergebnis ist bis jetzt 1.160 Wale, davon 375 Blauwale, 668 Finnwale, und 117 Pottwale. Das brachte 7.980 Fass Spermöl und 80.505 Fass Blauwalöl. Die Fangboote schießen auch alle verschieden. Der eine hat viel Glück beim Schießen, der andere weniger. So wie es immer üblich ist in der Fischerei.

RAU 1: 177, davon 61 Blauwale, 99 Finnwale und 10 Pottwale.
T 2: 127, davon 31 Blauwale, 80 Finnwale und 16 Pottwale.
RAU 3: 119, davon 45 Blauwale, 66 Finnwale und 8 Pottwale.
RAU 4: 163, davon 55 Blauwale, 85 Finnwale und 23 Pottwale.
RAU 5: 127, davon 43 Blauwale, 72 Finnwale und 12 Pottwale.

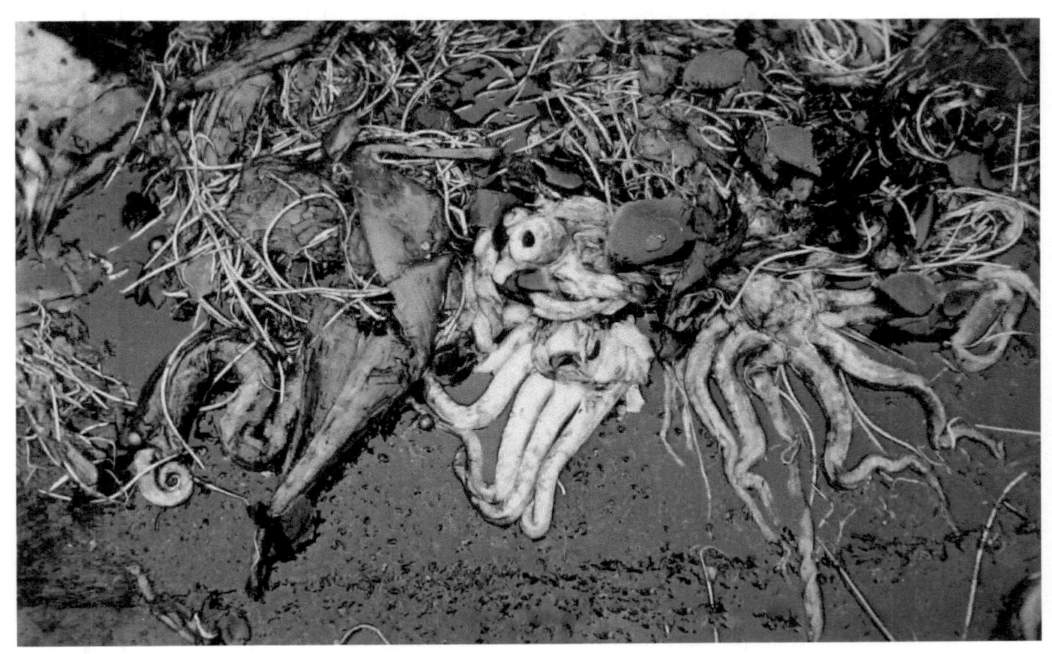

Oben: Mageninhalt Pottwal Unten: Mageninhalt Blauwal

RAU 6: 190, davon 56 Blauwale, 108 Finnwale und 26 Pottwale.
RAU 7: 127, davon 40 Blauwale, 83 Finnwale und 4 Pottwale.
RAU 8: 130, davon 44 Blauwale, 68 Finnwale und 18 Pottwale.

Wenn die Quote allerdings nun in Fass umgerechnet wird, ist die RAU 1 das beste Fangboot. Der Schießer der RAU 6 bekommt deswegen keinen Schlaf. Es wurde noch heute Abend ein Blauwal gebracht. Es ist der erste wieder seit einiger Zeit.

19. Februar

Heute hatten wir wieder ein Wetter, als wenn nichts losgewesen ist. Glatte See und herrlicher Sonnenschein. Allerdings ist es kälter geworden. 4–5 ° C Minus. Es ist aber angenehm, weil es so windstill ist. Es wurden heute laufend Wale gebracht, leider mehr Finn- als Blauwale. Mein Appetit ist immer gut, so dass mein Nacken schon einen mächtigen Furunkel aufweist.

20. Februar

Heute war ein reicher Fangtag. Schon um 6:00 Uhr in der Frühe wurde der erste Flaggwal angesteuert. Die Boote schossen tüchtig Wale und ließen sie dann mit einer Flagge treiben, um keine Zeit zu verlieren. RAU 8 setzte sich dann ein, und schleppte die Tiere zum Mutterschiff. 30 Wale waren es, und zwar dieses Mal mehr Blau- als Finnwale.

Die RAU 8 hatte gestern diesen Platz entdeckt. Wenn auch die Arbeit nicht leicht ist, so sieht man doch mehr frohe Gesichter, wenn viele Wale da sind, als wenn gar keine zu verarbeiten sind.

Ewiger Wetterwechsel

21. Februar

Heute hatten wir wieder Sturm mit 7–8 Windstärken und 5 Grad Kälte dabei. Die Fangboote waren alle außer Sicht und meldeten, dass sie keine Wale schießen konnten. Beim Jagen spritzte das Wasser so über, dass die ganze Kanone voller Eis ist. Wir haben schon eine große Strecke zurückgelegt und befinden uns jetzt auf 65 Grad südlicher Breite und 44 Grad Westlänge.

Heute Nachmittag wurde der Kapitän von einer dicken Welle komplett überschüttet. Er stand auf der Brücke und war sogleich ein Eishaufen. Er zog sich, ohne was zu sagen, in sein Gemach zurück und ließ uns ordentlich die Gelegenheit zu lachen.

22. Februar

Wir fuhren heute die Strecke wieder zurück, die wir gestern gefahren sind, weil hier keine Wale waren. Der Wind hielt an, und wir bekommen heute nicht einen Wal. Unser Deck ist voller Eis, es sind schon –9 Grad.

23. Februar

Wieder einmal erleben wir einen erstaunlichen Wetterwechsel: herrliches Wetter und 2° C Wärme. Es wurden schon 15 Wale gebracht, zum größten Teil Blauwale. Das ist sehr gut. Der 2. Funker hat mich am Ruder fotografiert.

24. Februar

Das Wetter ist uns nicht treu. Es stürmte schon wieder. Der Sturm war so stark, dass unsere Fangboote nichts fangen konnten. Wir erreichten am Abend wieder die Eisgrenze, und lagen im ruhigen Wasser. Spät am Abend wurden trotzdem 3 Wale gebracht.

25. Februar

Heute herrscht Windstille und ruhige See, 1° C plus, dichter Nebel den ganzen Tag. Das Wetter ist zum Verzweifeln. 3 Wale wurden gebracht. Heute wurde versucht, ein Loch abzudichten, das wir bei der Eisbergkollision bekamen. Ein großes Stück Speck diente als Lecksegel. Wenn die richtige Stelle gefunden ist, wird es auszementiert.

26. Februar

Das Wetter war wieder sehr schlecht. Nebel, Wind, Regen war die Tagesordnung. Es wurden 5 Wale gebracht. Es ist höchste Zeit, dass die Fangzeit zu Ende geht. Denn nun

Männlicher Glattwal

verstehe ich erst so richtig, warum man uns so viel von Kameradschaft erzählt hat. Man muss schon viel Ruhe aufbringen, um noch mit den Leuten zu reden. Man erzählt sich immer dasselbe. Einer spricht über den anderen.

Kameradschaft, die ist hier zerbrochen.

27. Februar

Die Fangboote sind auf der Suche nach Walen. Es wurden 2 Stück gebracht.

Aus Verzweiflung kamen nachmittags schon 3 Fangboote zum Bunkern, was selten am Tage gemacht wird. Sie mussten sich gegenseitig den Wal geben, um einen Fender zu haben.

28. Februar

Auch heute war das Wetter schlecht, hauptsächlich Nebel. RAU 2 hatte einen sehr interessanten Fall mit einem Wal:

Das Fangboot schoss einen Blauwal, der abriss und im Nebel verschwand. Eigentümlicherweise schwamm der Wal direkt RAU 7 vor die Kanone, so dass der ihn erlegen konnte. Als die RAU 2 RAU 7 danach in Sicht bekam, fragte er, ob er nicht den Wal gesehen hätte, und RAU 7 konnte ihm mitteilen, dass er ihn schon hatte. Das war ein Wal von 90 Fuß und hatte eine 32 cm dicke Speckschicht. Er mag wohl 150 Tonnen gewogen haben. Also ein echtes Kapital, wenn er verloren gegangen wäre. 5 Wale wurden nur gebracht. Wir sollen wohl keine mehr haben, denn das Wetter ist zu unbeständig. Durch den Regen hat sich an der Schiffstakelung eine dicke Eisschicht gesetzt, so dass uns die Antenne riss. Der Schaden wurde aber schon wieder behoben. Auch für uns ist es sehr gefährlich, wenn solch ein Brocken runterfällt. 7 Tage sind noch nach, dann ist der Schmierkram zu Ende.

1. März

Wieder Nebel! Von 3 Fangbooten wurden 4 Wale gebracht. Es wird schon von der Heimreise gesprochen. Hauptsächlich mittschiffs, denn die müssen die ganze Abrechnung machen. Die Schiffspapiere werden mit einem Fangboot nach Rio befördert, um auf dem schnellsten Wege zur Firma zu gelangen. Die Fangboote werden in Rio Kessel rein machen, und fahren dann nach San Vicent.

2. März

Heute war gutes Wetter. Wale sahen wir bloß wenig. Die Fangboote brachten uns allerlei Seltenheiten. Der eine brachte uns einen Finnwal, der andere fischte einen toten Wal auf. Ein Boot brachte einen, der sah aus wie eine Kuh.

Der war weiß und schwarz befleckt und glatt. Man nennt ihn auch Glattwal.

Natürlich wurde der auch wegen seiner Seltenheit viel geknipst. Heute sind es noch 5 Tage. Es wurde noch ein Spermwal (Pottwal) gebracht.

Glattwal, männlich

3. März

Heute Morgen hatten wir die Orkneyinseln erreicht. Es war eine sehr schöne Inselgruppe. Wir fuhren ganz nahe vorbei.

Eine Strecke fuhren wir durch gestrandete Eisberge und Inseln. Man kann sich kaum ein Bild davon machen, wie tief ein Eisberg geht. Die Fahrt dauerte ungefähr drei Stunden. Ich habe alles wunderbar mit dem Fernglas ausgekostet. Ich glaube, ich habe alle Schönheiten und alle Schlechtigkeiten des Eismeeres kennen gelernt und gesehen.

Mittags wurde ein Wal gemeldet. Wir dachten schon, es wäre Schluss. 2 Stunden später waren es zehn, und abends waren es schon 20 Wale. Hoffentlich bleibt uns das Glück noch treu, sonst werden wir weniger haben wie im Vorjahr. Wir sollen aber, nach angeblichen Meldungen, die besten sein. Zum Abendbrot gab es Wal-Leber. Sie schmeckte ausgezeichnet. Kein Unterschied zwischen Wal- und Rinderleber.

Glattwale (Balaenidae)

Glattwale bilden eine Familie innerhalb der Bartenwale. Sie werden bis zu 16m lang und haben einen riesigen Kopf, der bei manchen Tieren 40% der Körperlänge ausmachen kann. Ihr Gewicht beträgt ca. 65t. Die Barten sind lang und elastisch.

Zu den Glattwalen zählen der Grönlandwal, der Atlantische sowie Pazifische Nordkaper und der Südkaper.

Sie leben in den nördlichen und südlichen kalten Gewässern und ernähren sich von Plankton, indem sie mit offenem Maul durch die Schwärme gleiten. Die etwa 15 bis 20 Meter großen und ca. 65 t schweren Tiere wurden von allen Walen durch die Bejagung am stärksten dezimiert.

4. März

Das Wetter ist ausgezeichnet. Mit den Walen war es ebenso. Es wurden 30 Stück gebracht. Unser Fanggebiet ist dicht unter den Inseln. Wir beobachteten RAU 3, der einen Wal fest an der Leine hatte. Der riss sich die Harpune aus dem Leib und nahm mächtig mit blutigem Spaut[19] Reißaus. Ob das Fangboot ihn noch wieder erreichte, weiß ich nicht.

Die Wale wurden zum größten Teil an Flagge gelegt, sodass wir nun selbst einige auffischten.

19 Speichel.

Die Fangzeit geht zu Ende

5. März

Heute gab es nur einen Blauwal und dann war Sonntagsruhe. Wir treiben noch immer bei den Orkneyinseln. RAU 6 entdeckte gegen Abend einen Rudel Spermwale. Alle Fangboote fuhren dort hin und schossen noch 13 Spermwale.

6. März

Heute hatten wir mal wieder einen mächtigen Sturm. Aber es wurden weitere 12 Spermwale geschossen. Gegen Mittag kamen sie damit an. Dann ging das Aufhieven los. 2 Wale wurden verarbeitet, bevor der Sturm so stark wurde, dass die Wale abzureißen drohten. Deshalb wurden sie alle aufgehievt. Dabei wurde die Winde aus dem Fundament gerissen. Der Mann an der Winde hatte großes Glück, denn er erlitt nur eine leichte Kopfverletzung.

Als alles wieder in Ordnung war, und wir eine andere Winde in Gebrauch hatten, kam es wieder anders. Der Draht riss und der Wal machte sich selbstständig und trieb davon. Dann wurde der letzte Wal aufgehievt und wir waren froh, dass sie alle an Deck lagen. So viele Wale an Deck waren bis jetzt noch nicht vorgekommen. Am Abend war ich bei Anton Raßmus zum Geburtstag. Bei Bier und einer guten Zigarre haben wir Fotos aus der Heimat besichtigt.

7. März

Heute war unser letzter Fangtag. Es stürmte tüchtig. RAU 8 lotste uns hinter die Orkneyinseln, um dort die Fangboote für die Heimreise abzufertigen. Zwei Fangboote waren fertig, als wir abbrechen mussten. Wir waren so weit abgetrieben, dass es unmöglich war, ein nächstes Boot an Längsseite zu nehmen. Wir mussten uns wieder einen anderen Platz suchen und sind um die Insel herum gefahren. Dieses Manöver brachte die WALTER RAU so sehr ins Rollen, dass wieder allerlei Geschirr in die Brüche ging. Wir trinken schon aus Blechbechern.

8. März

Heute kamen wir auf der anderen Seite der Insel an, aber hier war es leider auch noch nicht besser. Der Fangleiter wollte mit uns in eine Bucht fahren, aber der Kapitän sträubte sich. Ich gab ihm vollkommen Recht. Dann versuchten wir auf freier See mit den Fangbooten anzufangen, und das klappte auch verhältnismäßig gut. Um 8 Uhr waren die letzten beiden fertig. Alle grüßten noch mit der Dampfer-Pfeife und dann ging es auf Kurs Heimat. Wir hatten natürlich das ganze Deck voller Geschirr. Morgen Früh beginnt um 4 Uhr meine erste Seewache.

9. März

Wir sausen mit 12 Meilen durch die Antarktis. 4 Fangboote sind bei uns geblieben. Sie sollen uns noch bis an die Eisgrenze begleiten – falls Nebel eintritt und wir noch einen Eisberg mitnehmen sollten. Ich habe jetzt von 4:00 – 8:00 Uhr Wache. Es gefällt mir. An Deck ist ein fürchterlicher Zustand. Das Fett wird abgekratzt und die Kocher gesäubert. Das machen die Matrosen. Sie sehen fürchterlich aus.

Winde

10. März

Heute stürmt es und wir haben dichten Nebel, fahren aber trotzdem mit voller Fahrt. An Deck sieht es schon anders aus. Das Schondeck ist über Bord geflogen. Man kann jetzt wieder wie ein Mensch über Deck laufen. Die Fangergebnisse kommen heute zum Aushang, danach ist die »Unitas« der Beste. Aber die haben auch 10 Fangboote. Er hat 105 Tausend Fass und wir »nur« 103,5 Tausend. An Wert haben wir mehr als auf der vorigen Reise. 9.450 Fass Spermöl, 93.745 Fass Blau- und Finnwalöl, 16.075 Sack Fischmehl, 160.000 Konserven. 83.045 Fass Extrakt, 126.950 kg Gefrierfleisch, und 41.000 Barten.

Es waren 1.331 Wale, davon 423 Blau, 761 Finn und 144 Pottwale, 1 Gattwal und 2 Seewale. Der beste Schießer war RAU 6 mit 216. Der Schlechteste, RAU 2 mit 144 Walen. Die Besten in Reihenfolge: RAU 6, 1, 4, 7, 8, 3, 5 und 2. Es war in

links Großvater Heinrich Wickede

diesem Jahr eine reiche Ausbeute, denn sie hatten lange nicht so viele Wale wie im Vorjahr.

11. März

Heute ist wieder mal Wochenende. Um 12 Uhr war an Deck Feierabend. Der Nebel verschwand und wir hatten das schönste Wetter. Man sieht auch schon wieder viele frohe Gesichter.

Alle Bärte werden rasiert und alles sieht wieder anders aus. Es gab ein Telegramm, dass alle Überstunden mit Prozenten Aufschlag bezahlt werden. Dieses wurde natürlich sehr begrüßt und sorgte für noch glücklichere Stimmung!

Um 8 Uhr fand der erste SA-Dienst wieder statt.

Warten auf ein Telegramm aus der Heimat

12. März

Heute war Heldengedenktag[20]. Wir hissten um 8 Uhr die Flagge, und um 10 Uhr war eine kleine Versammlung. Wir hatten den ersten Regen seit langer Zeit. Die See ist ruhig und weit und breit ist nichts zu sehen. Einen Eisberg sahen wir nicht wieder. Wir laufen jetzt 10 Meilen, weil einige Kessel sauber gemacht werden. Erwarte sehnsüchtig ein Telegramm von zu Hause *(Heino Wickede, mein Vater, sollte geboren werden).*

13. März

Im Morgengrauen sah ich wieder die ersten fliegenden Fische. Es ist jetzt auch schon viel wärmer geworden. Wir messen bereits 12 Grad. Verschiedene Wollsachen konnten schon eingepackt werden. Auch heute ist wieder Flaggentag wegen der Angliederung Deutschlands an Österreich.

Die Matrosen haben heute tüchtig gearbeitet. All die weiße Farbe wurde gewaschen. Man staunt bloß, wie in solch kurzer Zeit sich das Schiff verändert hat.

---

20 Die Nationalsozialisten übernahmen den Volkstrauertag und legten ihn als staatlichen Feiertag fest. Mit dem Gesetz über die Feiertage vom 27. Februar 1934 wurde er in »Heldengedenktag« umbenannt und sein Charakter alsdann vollständig verändert: Nicht mehr Totengedenken sollte im Mittelpunkt stehen, sondern Heldenverehrung (Wikipedia).

14. März

Wir hatten heute Morgen schon 17 Grad Wärme. Ich sah heute morgen einen großen Hai. Das Wachegehen ging schon ohne Mantel. Tagsüber wurde es noch wärmer.

15. März

Ich hörte heute Morgen die Nachricht von Adolf Hitler von Göbbels vorgelesen, dass unsere Truppen in die Tschechoslowakei einmarschieren.

Die Hitze nimmt stündlich zu. Von Rio aus kommt ein Fangboot mit frischem Gemüse zu uns.

16. März

Die Arbeit nimmt hier gar kein Ende. Die ersten Schweinsfische[21] sah ich wieder. Es gibt jetzt jeden Tag wieder Brötchen. Die muss Hermann Fricke uns backen. In den Kammern ist es so heiß, dass viele sich an Deck ein Nachtlager suchten. Die erste Bordversammlung war heute Abend. Es wurde hauptsächlich von den Ereignissen in Deutschland gesprochen. Ich habe leider Gottes immer noch kein Telegramm.

17. März

Die ganzen Wal-Leinen sind an Deck zum Trocknen aufgehängt. Es ist eine Länge von 24 Kilometer. Davon ist ein Gerüst vom Rollen des Schiffes umgekippt. Das machte natürlich viel Arbeit. Die RAU 7 brachte Gemüse. Dann ging die Reise mit 12 Meilen die Stunde weiter. Wir nähern uns immer mehr der Heimat und ich warte immer noch auf mein Telegramm!

---

21 Schweinswale.

18. März

Es ist immer noch sehr warm. Wir bekamen heute die ersten Dampfer wieder zu sehen. Am Abend hatten wir eine Kinovorstellung über die Erforschung des Feuerlandes und einen Teil vom Olympia-Film.

19. März

Heute war wieder einmal ein schöner Sonntag. Wir hatten Schießen von der S.A. aus. Alles sonnte sich auf Deck, wie auf einem Passagierdampfer, und der Lautsprecher brachte schöne Musik. Wir kommen der Heimat tüchtig näher.

gemeinfrei

Fliegender Fisch

20. März

Ein kleines Gewitter zog auf. Es war doch eine kleine Abkühlung.

21. März

Heute haben wir die Äquatorlinie wieder erreicht. Wir laufen jetzt 12,6 Meilen. Ich erwarte stündlich ein Telegramm!

22. März

Auf dem Bootsdeck nahm ich mein Mittagsstündchen, als plötzlich von einem Telegramm die Rede war. Ich fuhr hoch, und es war für mich. Ich erfuhr, dass mein kleiner Heino da war. Ich war überaus glücklich, dass meine Grete davon erlöst war. Das Telegramm war in 20 Minuten hier angekommen. Ich feuerte sofort eins wieder ab.

Wie ein Lauffeuer hatte es sich herumgesprochen. Alle kamen zum Gratulieren. Ich merkte doch, wie viele Freunde ich hatte. Abends feierten wir tüchtig. Der Obersteward machte uns eine Bowle. In einem gemütlichen Raum haben wir dann auf das Wohl meines Kindes getrunken, J.Meklenburg, H.Martens, H. Hustedt, H. Fricke.

Der 2. Offizier Hoffmann und der 3. Offizier Hentschel hatten noch gute Zigarren gestiftet. Meine Freude war unbeschreiblich groß.

23. März

Wir fahren weiterhin mit 12 Meilen Fahrt durch die Gegend, ohne Land in Sicht. Die Arbeiten an Bord gehen weiter. Heute hatten wir einen fürchterlichen Regenschauer.

»ein Junge – alles gesund, Grete«

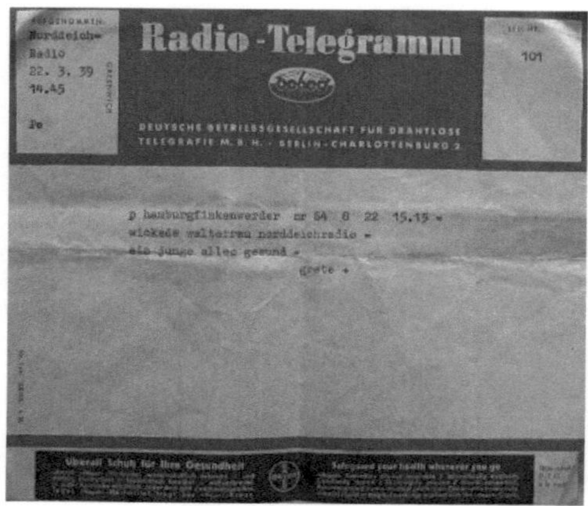

Norddeich-
Radio
22. 3. 39
14.45

Radio-Telegramm

DEUTSCHE BETRIEBSGESELLSCHAFT FÜR DRAHTLOSE TELEGRAFIE M. B. H. · BERLIN-CHARLOTTENBURG 2

101

p hamburgfinkenwerder nr 54 8 22 15.15 =
wickede walterrmu norddeichradio =
ein junge alles gesund =
grete +

Deutsche Reichspost

Die Heimat naht

24. März
Es wird schon langsam kälter. Man kann schon ganz gut wieder schlafen, ohne zu schwitzen.

25. März
Heute Nacht bekamen wir die Blinkfeuer von den Kapverdischen Inseln in Sicht. Heino feiert heute seinen ersten Sonntag auf der Welt.

26. März
Es kühlt tüchtig ab. Ich habe schon wieder Unterzeug angezogen

27. März
Immer dasselbe, Wasser, Wasser. Die Maschine läuft mit Tempo Richtung Heimat.

28. März
Wir passierten die Kanarischen Inseln, Las Palmas, Palma usw.

29. März
Heute gab es einen kleinen Zwischenfall. Ein Steward wurde vermisst. Wir drehten sofort auf Gegenkurs mit der Annahme, er sei über Bord gegangen, weil er sehr

schwermütig war. Nach einer Stunde wurde er im Kabelgatt zwischen dem Tauwerk gefunden. Nun steht er Tag und Nacht unter Aufsicht.

30. März

Heute ist das Wetter etwas stürmisch geworden. Ab und zu gibt es einen Regenguss. Das Schiff sieht wie neu aus. Alles ist schon gestrichen. Abends war N.S.D.A.P. –Versammlung.

31. März

Aus dem Ozean sind wir raus und fahren in die Biskaya. Am Abend hatten wir SA-Abend.

Ich gab noch ein kleines Gedicht zum Besten, welches mit großem Beifall aufgenommen wurde. Es war unser letzter SA-Abend.

1. April

Es ist noch sehr stürmisch. Wir passierten St. Vincent.

Viele Schiffe begegneten uns. Wir hörten die Rede von Adolf Hitler aus Wilhelmshaven vom Stapellauf der »Tirpitz«.

2. April

Heute ist Sonntag. Wir haben schönes Wetter. Nur hohe Wellen, unser Schiff rollt. Die SA hatte ein Sportfest angesagt, aber es fiel aus, weil bei diesem schönen Wetter das Deck geteert werden sollte. Um 2 Uhr waren wir im Englischen Kanal. Auch hier herrscht reger Schiffsverkehr. Es wird schon immer heimatlicher. Schuhe werden wieder ausprobiert, ob man noch darauf laufen kann. Anzüge werden zum Lüften rausgehängt. Das letzte Zeug wird gewaschen. Jeder hat voll zu tun.

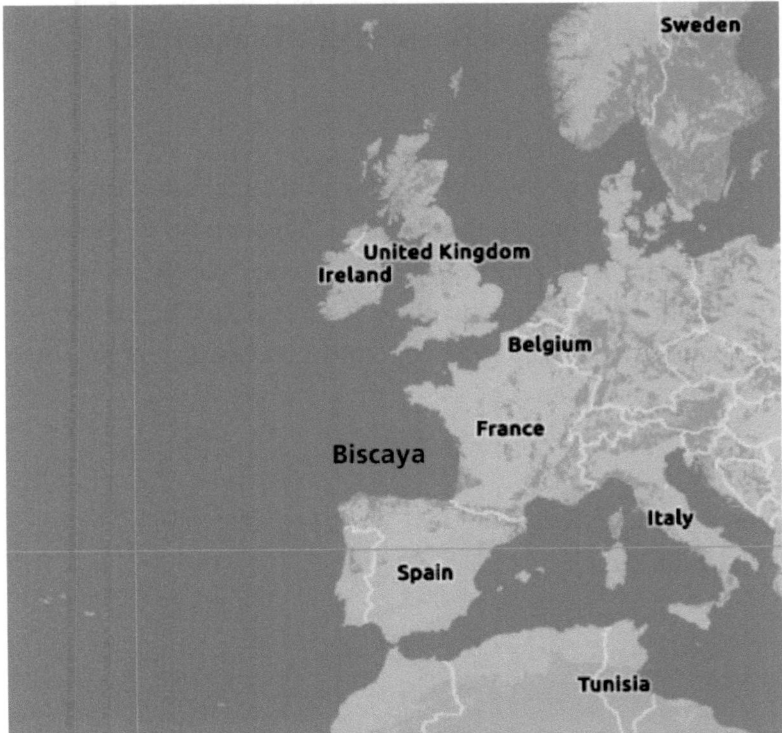

www.openrouteservice.org

Wieder zu Hause

3. April

Wir hatten um 4 Uhr Dover passiert. Um 4:30 Uhr telefonierte ich mit Grete. Es war sehr deutlich, ich habe mich so gefreut dazu.

4. April

Um 5 Uhr ankerten wir bei ELBE 1, um den nächsten Tag abzuwarten, weil der hohe Rat erst zu Mittwoch bestellt ist. Für uns ist es nicht angenehm. Wir könnten schon morgens in Hamburg sein. Mein Zeugsack ist schon gepackt.

5. April

Um 8:30 Uhr zogen wir die Anker auf und waren um 10:00 Uhr vor Cuxhaven. Hier kamen alle Leute an Bord, und auch Walter Rau selber. Film und Presseleute waren dabei. Um 10:30 Uhr fuhren wir und ankerten um 2:30 Uhr bei Brunshausen, um Pulver zu löschen. Um 18:00 Uhr machten wir an der Überseebrücke fest.

Das war meine Reise mit dem Walfangmutterschiff
WALTER RAU.

WALTER RAU

Nachtrag

Mein Großvater lebte bis 1984 glücklich mit seiner Frau Grete und im guten Kontakt zu seinen zwei Söhnen in Hamburg-Finkenwerder. Zwei Jahre vor seinem Tod verschied meine so liebe Großmutter. Mein Großvater hat den Verlust nie überwunden.

Meine Mutter und ich pflegten ihn in seinen letzten zwei Wochen – diese Zeit gehört zu meinen schönsten Stunden.

Ich bin dankbar, dass ich ihn auf seiner »letzten Reise« begleiten, seine Hand halten und ihm nahe sein durfte. Nun – fast 35 Jahre später – möchte ich ihm zum Gedächtnis dieses Buch veröffentlichen.

Erläuterungen

Walter Rau

Walter Rau kaufte 1903 eine Molkerei in Hilter (Niedersachsen) und startete damit die sehr erfolgreiche Produktion von Streichfetten.

Am 5. März 1935 gründete er die »Rau-Walfang-AG«. Mit Unterstützung der deutschen Regierung gab Walter Rau der »Deutschen Werft« in Hamburg im April den Auftrag, das Walfangmutterschiff WALTER RAU mit zunächst 8 Fangschiffen (RAU I bis RAU VIII) zu bauen.

Bereits im Frühjahr 1939 endete der deutsche Walfang. Die deutsche Walfangflotte wurde danach für die Kriegsmarine wehrtechnisch umgerüstet.

Elbe 1

Feuerschiffe waren für die Sicherheit auf den Wasserstraßen wichtige Seezeichen.

ELBE 1 war eine Feuerschiffsposition vor der Elbmündung, 52° 00' 00" N und 08° 16' 00" O. Dies war ein vorgeschobener Posten in der gefährlichen Elbmündung bei 25m Wassertiefe.

In den Jahren 1936–1939 war das bemannte Feuerschiff NORDERNEY I als planmäßiges Reserveschiff für die 1936 im Sturm gesunkene Bürgermeister O'SWALD I auf dieser Position ELBE1 eingesetzt. (Erbaut 1906 in der A.G. »Weser«, Bremen, ausgemustert 1981)

Ihr Feuer lag 15,9 m über der Wasserlinie und hatte eine Reichweite von 24 Seemeilen (= 44,448 km).

Heute ist die NORDERNEY I als Museumsschiff in Wilhelmshaven zu besichtigen.

Fliegende Fische

Fliegende Fische können mit ihren flügelähnlichen Flossen sowohl gut durch Wasser als auch durch Luft gleiten. Sie katapultieren sich mit einem Sprung aus dem Wasser (wahrscheinlich Fluchtverhalten vor Fressfeinden) und segeln kurze Strecken im Gleitflug über die Wasseroberfläche. Dabei können sie bis zu 30 Sekunden in einer Höhe von 1,5 m, gelegentlich sogar bis zu 5 m, über der Wasseroberfläche verweilen und erreichen Geschwindigkeiten bis zu 70 km/h.

Auszug aus. Dr. A. Schwieger: Zur Chemie des Walöls und seiner Normung[22]

Zur Chemie des Walöls und seiner Normung

Von Dr. A. Schwieger)*

z. Z. an Bord des Walfangmutterschiffes „Walter Rau", Südatlantik

Obwohl das Walöl seit Jahrhunderten gewonnen wird und für die verschiedensten Industriezweige von mehr oder weniger großer Bedeutung ist, hat man seiner chemischen Untersuchung bis in die Neuzeit hinein nur wenig Beachtung geschenkt. Man begnügte sich meist damit, die Qualität des Öles im Hinblick auf seine spätere Verwendung zu überprüfen. Berücksichtigt man, daß die Gewinnung des Walöles in früheren Zeiten nach ganz primitiven Verfahren erfolgte und daß der Trennung der verschiedenen Walöle, ihrer Reinigung und Aufbewahrung keine besondere Aufmerksamkeit geschenkt wurde, so versteht man, daß in dem älteren Schrifttum die widersprechendsten Angaben über die Eigenschaften des Walöles enthalten sind und die Kennzahlen mit einem ziemlich weiten Geltungsbereich angegeben werden. Zuverlässige Analysen der Walöle fehlen fast ganz oder sind unvollkommen. Dies liegt in erster Linie daran, daß sich die Walöle von anderen tierischen Fetten in ihrem chemischen Aufbau stark unterscheiden. Die üblichen Methoden der quantitativen Analyse versagen mehr oder weniger oder geben ungenaue Ergebnisse, da z. B. die ungesättigten Säuren nicht nur aus Gliedern verschiedener Kohlenstoffzahlen bestehen, sondern auch hohe Anteile von Fettsäuren mit mehr als drei Doppelbindungen enthalten. Erst die neuzeitlichen hochentwickelten Gewinnungsverfahren, die in diesem Heft in anderen Aufsätzen eingehend beschrieben werden — über die neuzeitliche Walölgewinnung berichtet auch E. F. Heyerdahl[1]) —, ermöglichen es, Walöle von bester Beschaffenheit herzustellen, die zu einer genaueren Untersuchung geeignet sind[2]).

Bartenwalöle

Unter der Bezeichnung „Waltran" — das zu Genußzwecken bestimmte Fett wird besser „Walöl" genannt — versteht man in dem ältesten Schrifttum im allgemeinen das Öl aus dem Körperspeck der Walarten der *Balaenidae* bzw. *Balaenopteridae*. Da nun früher vornehmlich der Grönlandwal (*Balaena mysticetus L.*) gejagt wurde, beziehen sich die älteren Angaben fast sämtlich auf diesen, die neueren Angaben daneben auf den Blauwal (*Balaenoptera musculus*). In der Zusammensetzung und den Eigenschaften sind beide Walöle nur wenig voneinander verschieden, selten sind hierüber auch Angaben gemacht worden.

Grönlandwal und Blauwal

Die Menge des Öles beträgt pro Wal rund 28—30 t (166 Faß) bei einem Gewicht des Wales von rund 100 t. Gehandelt wird das Öl als Walöl (Waltran), huile de baleine, whale oil, olii de balaena usw. — Die Farbe des Öles ist nicht nur vom Alter des Specks, sondern vor allem von der Art der Gewinnung abhängig, sie wechselt von hellgelb bis dunkelbraun. Bei der neuzeitlichen Walölgewinnung auf den Walfangmutterschiffen fallen stets nur Öle von hellgelber Farbe an.

Die in der nachstehenden Tabelle angeführten Werte stellen Mittelwerte dar, die im wesentlichsten den Arbeiten folgender Forscher entnommen sind: J. Lund[3]), H. Stadlinger[4]), F. H. van Leent[5]), J. M. Wilkie[6]), Knorr[7]), H. Schloßstein[8]), M. Tsujimoto[9]), C. H. Milligan, C. A. Knuth und A. S. Richardson[10]), E. F. Armstrong und T. P. Hilditch[11]), Y. Toyama und T. Tsuchiya[12]), B. M. Margosches und K. Fuchs[13]), T. Green und T. P. Hilditch[14]) u. a.

D^{15}	0.9140—0.9307
D^{20}	0.9187—0.9195
D^{98}	0.8725
n_D^{40}	1.4690—1.4710
SZ	1—60 (Handelsproben) auch darüber bis 139
VZ	178—202 meist 183—196
JZ	102—144 meist 112—131
OHZ	21.9
He-Z	93.5—95.6
A-Z	0.45
B-Z	0.49
R-M-Z	0.7—2.0
Thermozahl	75.6—92

Das Unverseifbare wurde von den verschiedenen Bearbeitern zu 0.7 bis 3.5 % mit einem durchschnittlichen Cholesteringehalt von 0.1 bis 0.2 % ermittelt; meist liegt der Wert aber unter 1.5 %. Die höheren Werte sind sicher auf Verunreinigungen (Blut usw.), die bei der Verarbeitung des Wales mit in das Öl gelangt sind, zurückzuführen. O. Steiner[15]) fand bei einigen Walölproben Werte zwischen 11.9 und 35.00 %. Die nähere Untersuchung ergab, daß es sich hierbei in erster Linie um Alkohole handelte, so daß die Vermutung als richtig anzunehmen ist, daß bei den untersuchten Ölen Proben vorlagen, die mit Pottwal-

*) Die Bearbeitung der chemischen Analyse der Walöle wurde, da Herrn Dr. Schwieger das Schrifttum z. Z. nicht vollständig zur Verfügung steht, von Herrn Dr. H. Fiedler, Münster i. W., vorgenommen.

1) Tekn. Ukebl. 84, 245 [1937], Ref. s. Fette u. Seifen 44, 443 [1937].

2) Über die analytischen Ergebnisse derartiger Untersuchungen berichtet in diesem Heft H. Leue (vgl. S. 52 ff. Schriftleitung).

3) Seifensieder-Ztg. 41, 414 [1914].

4) Seifenfabrikant 34, 1248 [1914].

5) Pharmac. Weekbl. 53, 725 [1916].

6) Analyst 42, 200 [1917].

7) Seifensieder-Ztg. 45, 83 [1918].

8) J. Amer. Leather Chem. Ass. 1919, S. 14.

9) J. Soc. chem. Ind. Japan 23, Nr. 272 [1920].

10) J. Amer. chem. Soc. 46, 157 [1924].

11) J. Soc. chem. Ind. 44, T. 180 [1925].

12) Chem. Umschau 32, 204 [1925].

13) Ber. Dtsch. chem. Ges. 59, 375 [1926].

14) J. Soc. chem. Ind. 56, 4 [1936].

15) Ztschr. Dtsch. Öl- u. Fett-Ind. 40, 809 [1920].

22 European Journal of Lipid Science and Technology, Fette und Seifen, S. 64, 1939.

Anhang: Die Geschichte des Walfangs

Im Süden der koreanischen Halbinsel Bangu-Dae belegen-Felszeichnungen und Knochenfunde, dass bereits vor 7.000 Jahren Jagd auf Wale gemacht wurde. Russische und amerikanische Archäologen entdeckten diesen (bislang ältesten) Beleg für Walfang. Bei einer Ausgrabung auf der Tschuktschen-Halbinsel fanden sie außerdem ein 3.000 Jahre altes Stück Walross-Elfenbein, auf dem Szenen einer Waljagd eingeschnitzt sind.

1611 begannen Engländer und Niederländer eine umfangreiche Jagd auf Grönlandwale, deren großen Bestände bei der Suche der Nordost-Passage 1583 sowie 1596 nördlich von Sibirien entdeckt wurden. Deutsche Schiffe aus Hamburg und Altona schlossen sich 1644, englische Kolonisten in Nordamerika 1650 an.

1675 gingen bereits 75 Hamburger Schiffe auf Grönlandfahrt, vor allem in den Gewässern bei Spitzbergen. Bis heute gibt es im Nordwesten Spitzbergens eine »Hamburger Bucht«.

Sechs bis acht Männer passten in ein stabiles Ruderboot, das zum Walfang eingesetzt wurde. Mit Hilfe von Handharpunen und Lanzen wurden die Tiere erlegt und an der Längsseite des Walfangschiffes abgespeckt.

Der Tran des Wals wurde vorwiegend für künstliche Beleuchtung benötigt, ebenso zur Produktion Seifen, Suppen, Farben, Gelatine oder Speisefette (z. B. Margarine) sowie Schuh- und Lederpflegemittel. Die Herstellung von Nitroglycerin war damals ohne Walöl nicht möglich, und so meinte nach dem Ersten Weltkrieg die britische Armeeführung: »Ohne das Walöl wäre die Regierung nicht in der Lage gewesen, sowohl die Ernährungsschlacht als auch die Munitionsschlacht zu schlagen.«

Mit Hilfe der in Deutschland entwickelten Harpunenkanone wurde es 1864 möglich, auch die schnelleren Blau- und Finnwale zu jagen. Die Harpune erhielt einen Granatkopf, der im Körper des Wales sofort explodierte und ihn somit schneller tötete. Um 1935 leitete man dann zusätzlich Strom durch die Harpunenleine, der das Tier betäubte und somit das Gerät weiter perfektionierte.

Nachdem der Walfang dank der Erfindung von Petroleum 1855 in den Folgejahren fast zum Erliegen kam, wurde er durch die Erfindung der Margarine und der stärkeren Nachfrage nach Nitroglycerin wiederbelebt. Dies führte dementsprechend in den Folgejahren erneut zu einem weiteren Anstieg des Walfangs.

Erst um 1930 wurde deutlich, wie sehr der Walbestand durch die starke Bejagung gefährdet war. Allein 1930 und 1931 wurden 30.000 Blauwale getötet, das sind mehr als der heutige gesamte Bestand weltweit. Im gesamten 20. Jahrhundert waren es etwa drei Millionen Wale.

Der deutsche Walfang 1930 bis in die 1960er

Die Pläne eines eigenen deutschen Walfangs nahmen im März 1935 konkrete Formen an, als die Walter Rau Walfang AG am 5. März sowie die Erste Deutsche Walfang-Gesellschaft mbH am 25. März 1935 gegründet wurden.

Fünf Gründe sprachen für einen eigenen deutschen Walfang:

- Bestrebung der Nationalsozialisten nach Unabhängigkeit
- Reduzierung der hohen Importe aus Norwegen

- damit verbundene Kostenersparnis durch verminderten Deviseneinsatz
- Ausweitung der Produktionsmengen
- Verminderung der Arbeitslosigkeit

Dementsprechend wurde eigener Walfang zu einem wichtigen Punkt im zweiten deutschen Vierjahresplan 1937–40 zur Schließung der so genannten Fettlücke, d.h. den Rohstoffmangel an Fetten und Ölen.

1938 bis 1939 waren insgesamt sieben Fabrikschiffe mit 56 Fangbooten für Deutschland unterwegs, das so nach Norwegen und Großbritannien zur drittgrößten Walfangnation aufstieg.

Mit Ausbruch des zweiten Weltkrieges endete der selbstständige deutsche Walfang. Insgesamt hatten sieben deutsche Fangflotten in der Arktis und Antarktis etwa 15.000 Tiere erlegt. Die deutsche Walfangflotte wurde nun zur wehrtechnischen Verwendung ausgerüstet.

Die Walfangflotte WALTER RAU

Das Mutterschiff WALTER RAU war damals weltweit am besten ausgestattet und lief in der Saison 1937–38 erstmals mit ihren 8 Fangschiffen in die Antarktis aus.

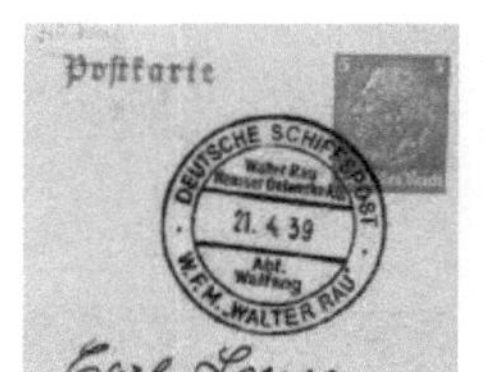

www.seemotive.de

Informationen der WALTER RAU[23]:
gebaut 1937, Deutsche Werft Finkenwerder
13.752 BRT, 7.145 NRT
Länge 167,60 m, Breite 22,70 m, Tiefe 10,20 m
6.000 PS
zwei Antarktisreisen
1945 an Norwegen abgeliefert, umbenannt in KOSMOS IV
Verwendungszeit der Stempel: 10.10.1938 bis 19.4.1939

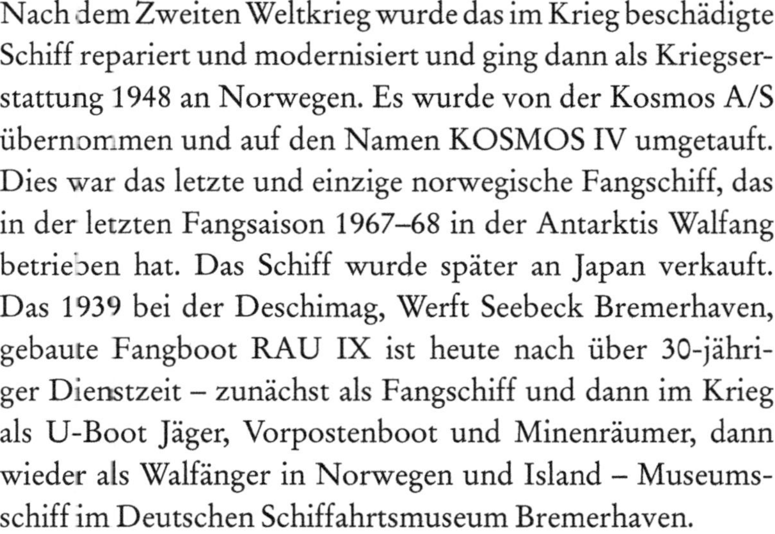

Nach dem Zweiten Weltkrieg wurde das im Krieg beschädigte Schiff repariert und modernisiert und ging dann als Kriegserstattung 1948 an Norwegen. Es wurde von der Kosmos A/S übernommen und auf den Namen KOSMOS IV umgetauft. Dies war das letzte und einzige norwegische Fangschiff, das in der letzten Fangsaison 1967–68 in der Antarktis Walfang betrieben hat. Das Schiff wurde später an Japan verkauft. Das 1939 bei der Deschimag, Werft Seebeck Bremerhaven, gebaute Fangboot RAU IX ist heute nach über 30-jähriger Dienstzeit – zunächst als Fangschiff und dann im Krieg als U-Boot Jäger, Vorpostenboot und Minenräumer, dann wieder als Walfänger in Norwegen und Island – Museumsschiff im Deutschen Schiffahrtsmuseum Bremerhaven.

23 www.seemotive.de

Quellenangaben

www.wwf.de
www.das-tierlexikon.de
www.naturdetektive.de/23011.html
www.wale.info
www.greenpeace.de
www.biologie-schule.de
https://de.wikipedia.org/wiki/Wale
www.vorort.bund.net/rostock/schweinswal
www.firmm.org/de/wale-delfine
www.oceanwide-expeditions.com/de/aktivitaten/tierwelt/gewohnlicher-schweinswal
www.seemotive.de
www.google.de/maps

Weitere maritime Titel in Vorbereitung ...

Maritime Editionen für Shiplover!

Edition Falkenberg
www.edition-falkenberg.de

Hans-Jürgen Wolff

Mein Weg nach Westen

Von Alkoholschmugglern und Raufbolden in der Handelsmarine

Eine überaus spannende biografische Erzählung!

160 Seiten, 98 Abbildungen
Hardcover, Format 13,5 x 21 cm
14,90 Euro
ISBN 978-3-95494-041-7

Hans Suckau

Tetje Bollermann

Als Moses in der Heringsfahrt

128 Seiten
Taschenbuch, Format 14 x 22 cmr
12,90 Euro
ISBN 978-3-95494-084-4

Hans Suckau

Untergang der Linienfahrt

Auf Trampfahrt über den Nordatlantik und zu den »Großen Seen«

184 Seiten
Taschenbuch, Format 14 x 22 cm
14,90 Euro
ISBN 978-3-95494-085-1

Hans Suckau

De Zwarte Jan

Die alten Seelenverkäufer und das Meer

172 Seiten
Taschenbuch, Format 14 x 22 cm
14,90 Euro
ISBN 978-3-95494-087-5

Hans Suckau

Auf Trampfahrt in die Levante

Grenzenlos ist die Liebe der Matrosen

284 Seiten
Taschenbuch, Format 14 x 22 cm
16,90 Euro
ISBN 978-3-95494-086-8

Maritimes Sachbuch

Peter Roloff, Rolf Schmidt et al.

Aufbruch in die Utopie

Auf den Spuren einer deutschen Republik in den USA

352 S., 233 farb. Abb.
Format 21 x 26 cm, Broschur
deutsch / englisch

ISBN 978-3-95494-595-5
19,90 Euro

Rolf Geffken

Arbeit & Arbeitskampf im Hafen

Zur Geschichte der Hafenarbeit und der Hafenarbeitergewerkschaft

148 S., 42 s/w Abb.,
Format 17 x 22 cm, Broschur

ISBN 978-3-95494-053-0
29,90 Euro

Manfred Höft

Der Vulcan in Stettin und Hamburg

Schiffswerft Lokomotivfabrik Maschinenfabrik 1851 – 1929
Bd. 2: 1905 – 1929
Handelsschiff- und Maschinenbau

272 Seiten, 171 Abbildungen
Hardcover, Format 21,5 x 28 cm
59,90 Euro
ISBN 978-3-95494-077-6

Die wechselvolle Geschichte eines deutschen Großunternehmens.

Ein bisher unbekanntes Stück Geschichte der D.D.G.Hansa

Werner Buschmann

Eine handbreit Stacheldraht unterm Kiel

Von den Weltmeeren in den australischen Busch
bearb. von Ralf Täuber

212 Seiten, 60 Abbildungen
Softcover, Format 17 x 22 cm,
24,99 Euro
ISBN 978-3-95494-073-8

Maritimes Sachbuch

Hans Mehl

Schiffspropeller im Wandel der Zeiten

152 Seiten, 231 Abbildungen
Hardcover, Format 16,5 x 23,5 cm
39,90 Euro
ISBN 978-3-95494-051-6

Die spannende Geschichte des Schiffsantriebs.

Peter Pospiech

Von Nutzern u. Wächtern

Spezialschiffe in der Nordsee

144 Seiten, 142 Abbildungen
Hardcover, Format 16,5 x 23,5 cm
29,90 Euro
ISBN 978-3-95494-047-9

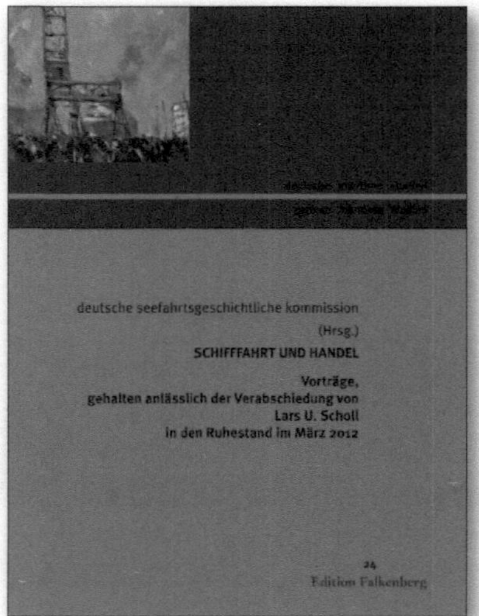

Bd. 24
Dt. Seefahrtsgesch. Kommission (Hg.)

Schifffahrt und Handel

deutsche maritime studien, Band 24
336 S., 140 Abbildungen
Hardcover, Format 17 x 22 cm
44,90 Euro
ISBN 978-3-95494-078-3

Deutsche Maritime Studien